U0343333

年轻时代的旅行具有深远的意义

—— 勒·柯布西耶

Le Voyage d'Orient

东方游记

[法]

勒·柯布西耶 著

Le Corbusier

管筱明 译

北京联合出版公司
Beijing United Publishing Co.,Ltd.

1911 年，夏尔—爱德华·雅内莱（勒·柯布西耶的本名），柏林彼得·贝伦斯事务所的年轻建筑师，决定与朋友奥古斯特·克利普斯坦因（Auguste Klipstein）做一次旅行。旅行的目的地是君士坦丁堡。两个朋友从 5 月到 10 月，花了很小一笔钱，游历了波希米亚、塞尔维亚、罗马尼亚、保加利亚、土耳其和希腊诸国。

由此，夏尔—爱德华·雅内莱发现了建筑这门形式配合精神、在光影中创造美的艺术。

从德累斯顿到君士坦丁堡，从雅典到庞贝，旅行途中，夏尔—爱德华·雅内莱坚持做笔记，记下了沿途的所见所闻和内心感受，还画了一大批图画，并由此学会了观看与观察。

他从这些笔记里挑出一些文章，其中一部分由瑞士拉绍德封市[1]的《劝世报》发表。后来，他将这些文章收集补充，编成一本书，取名为《东方游记》，准备于 1914 年由加斯帕尔·瓦莱特在法兰西水星出版社出版。可是第一次世界大战阻止了此计划的实现，于是这部书稿就收进了勒·柯布西耶的文稿档案。在上述旅行 54 年之后，作者终于决定将书稿拿出来出版，因为这是他年轻时踌躇和发现的证物。1965 年 7 月，他将书稿做了订正，并在不借助任何资料的情况下，认真地做了注释。

在柯布西耶看来，此书是一份重要文献，具有很大意义，因为它记录了他成为建筑师与画家的关键岁月的经历。

---

[1] 拉绍德封（La-Chaux-de-Fonds），柯布西耶的故乡，位于汝拉山区东麓，钟表制造业发达。——编注

目 录

致吾兄、音乐家阿尔贝·雅内莱

你好好想一想吧！我是多么希望把题献给你的此文写得更好一些啊！可是更好的东西我拿不出来。尽管读者并不愿意我殚思竭虑，费脑伤神，可你知道写给他们的这些文字夺走了我多少快乐，扰乱了我多少安宁啊！在那边，我这份宁静可是人人都羡慕的呀！我还是把它们拿出来吧，为的是能够在今天送点东西给你，因为我今天想送你东西。

多瑙河，斯坦布尔（Stamboul）[1]，雅典……你的头像夹在大堆稿纸中间从头至尾游了全程。把它夹进那堆纸页，是一时之误，怪不得我。这确实是你的头像，但不是十分准确。是 1910 年圣诞节在沃尔德—申克·代勒罗（Wald-Schenke d'Hellerau）背着你偷偷勾勒的——你正在大吞大嚼黄油面包上的猪血香肠片（这是在那里我们勉强愿意掏钱的几款菜之一！）。我不喜欢那些香肠片和那种黄油，你却吃得非常香甜。有些时候，尤其是那一刻，我觉得你非常馋，馋得让人难以相信……这幅速写当时就像是一个抗议。

---

[1] 伊斯坦布尔欧洲老城的旧称。

1

过去，我梦见你就是副模样；现在，我认为你还是这副模样。没准，这样说能让你高兴？

有一天人家告诉我，你夏天在这里小住时，曾为我的法语极力辩护。我十分贫乏的、蹩脚的、表达欠清的法语。在那会儿我只能用这些词汇来形容我的法语。有人给你举出一句读不懂的话。那句话是有点怪，怪到《劝世报》的排字工可以当作病句挑出来，但在"我们家的世交"，该报的印刷商那里却是通得过的。你回答那人说，这句话是正确的，正确，很正确，还说你不想再听下去。

我的好哥哥，我们这样互帮互助好多年了。我们会一直这样做下去的，不是吗？至爱亲朋对我们的看法会有变化，因为他们也难免受舆论左右，但我们的手足之情却是绝对的，就像那边，在利姆诺斯岛（Lemnos）和爱琴海之间的地平线，坚不可摧，永不改变。

几点印象

有一天在柏林，两个可爱的女同胞问我："你要在外面旅行这么久，而且总是去一些新地方，难道不会使欣赏力变得麻木，失去新鲜感，不会只用见惯世事、无动于衷的眼光来看一切？在我们最近的交谈中，你的评论有时是那样出乎意料，让我们惊讶！……

"现在你就要开始东方之行了。我们猜得出，你打算什么也不放过，要把大路两边的一切都记下来……

"那时你会得到很多印象，形形色色的印象，方方面面的印象……不过那样一来，我们的问题就得到解答了。你可不要怪我们提了些傻问题哦。"

归根结底，她们说的是实话：每次在日耳曼做完劳神费力的远游，参观过某座旧城新城的石头迷宫，在蒂尔加滕区那些楼宇沉重的拱顶下面，或者沿着碧波涟涟的施普雷河堤岸做着我们晚归的散步之时，我有时会对某座受人尊敬的圆顶出言不逊，或者对卧伏在一条平原河流的河口，被一个过于传奇的"堡垒"镇守的某座名城表示怀疑，或者对框在城堡主塔、壕沟和筑有雉堞的院墙里面的中世纪狰狞式样骂上几句，或者对那座线条模糊龇牙咧嘴的房屋大加抨击，因为那房子虽然顶着一个史诗般的柱形尖顶头盔，却被厨房黑糊糊的烟囱劈头砍了一刀，又像得了麻风似的，被肮脏发臭的油烟熏成了酒糟鼻。

与这个变得夸张的图景相反，我设想了另一个图景，它没有前一个这么流行，因为它幸运地没有被那么多人知道：石像之上，是湛蓝的天空，蓝天之下，是安详的微笑；石像周围，是小心地粗涂出来的麦海，金黄的麦浪间闪耀着一朵朵红花；在麦浪的衬托下，深邃的星空变得更蓝。

我曾经满怀热情地评论过现代艺术，归根结底，我是批评了中世纪的德国绘画，赞扬了一二百年来那些画面宁静的作品。在我们今日的思想里，已经很少使用"浪漫主义"一词，可是这个轻率的词语还是激起我的愤怒。例如，一条湍急的大河在红色的危岩峭壁间奔流，或者在远一点的地方，像个活泼的神灵在平原上流淌，这样一幅图景自会引人欣赏，可是那些趣味恶俗、只知描绘山墙塔楼的画匠一旦把喜欢决斗的僧侣的衣钵扔到河上，观众就大倒胃口了。

宽阔的大街绿树成荫，沥青路面被来往的汽车碾得那么光滑，夕阳投射上面，被映照成一条不尽的火带，火带两边，立着成千棵黑黢黢的乔木。这样一幅图景，有时在我看来，简直就是宏伟的创作。那些肮脏的窄街小巷，两边的圆顶建筑只是草草地修葺了一下，不经修饰的门脸将挑梁伸得太长，街面沉积着秽气，街屋潜藏着可疑的居民，聚集着吵吵闹闹的孩子，每次见到这样的场景，我就拔腿而去……而《旅行指南》[1]却迷上了这样的画面，并且为了表达其快乐，把星星从天上摘下来给这种画打上一个、两个或者三个肯定的星号。如此看来，我是怠慢了从前那些傲慢的城堡女主人，丑化了一些自命不凡的"老美男"，粗暴对待了太多的19世纪暴发户。我玷污了一些姓氏，一些非常著名的姓氏。可怜的姓氏，可怜的词语魔法，我让它们变得多么苍白啊！让人失望的百姓大祭。

为了得到别人的宽恕，我必须做一番解释。

——首先，恕我斗胆直言，有些人的名气是捧出来的，其实名不副实。艺术界与时尚圈子常常混作一堆，因此在艺术界，也有一些沽名钓誉之辈和夸夸其谈之人。当然也见得到一些谦谦君子和羞怯内向的人。既有大叫大嚷、要这要那的人，也有淡泊宁静、超然物外的人。

——另一方面，小姐们，你们说，一个艺术爱好者，不管他自己怎么看，在别人眼里，总有点像个脑袋长反了的人。就拿本人来说，你们知道我有个叔叔，他总认为，我乱七八糟地瞎评一气，

---

[1]　《旅行指南》（*Baedecker*），原书为德文，是作者此次东方旅行随身携带的一本旅游书籍。

为的是与普遍舆论过不去。他就是那样一根筋，怎么解释也没法让他改变看法。

——再说，我觉得美首先是由和谐，而不是由粗大、高广，或者花费的金钱数额，或者产生的舞台光芒构成的。之所以这么看，是因为我还年轻。年轻是为时短暂的罪过。我年轻，所以容易做出一些轻率的判断。我尊重折中主义，不过我要等到须发全白之后，才会闭着眼睛奉行这种主义。反过来，我会睁大眼睛——眼镜后面的两只近视眼，观察周围的一切。那副忧郁的眼镜给我一种博士或者牧师的派头。我说了许多傻话。活该，有时遇到亲友邻人斥责，我会改变主意，也来数落自己，甚至比别人的批评更严厉。这样一来，心情不好的时候，我会主动抖抖身子，甩掉身上的脏污。别的时候，好奇的小姐们啊，我会觉得内心骚动，会以征服的愉悦节奏，跑遍一个梦想的国度，用完美的和谐来征服整个国度！

不，持怀疑态度的小姐们，人是不会厌烦旅行的。人只会因这种爱好而变得稍稍像个贵族。确实，在一切都已社会化的当今之世，旅行是值得称赞的，尤其对《守望报》的读者来说更是如此。这次东方之行，远离北方粗糙的建筑，是响应阳光、蔚蓝色大海的汹涌波浪，和神庙那高大白墙的持久召唤——君士坦丁堡、小亚细亚、希腊、南意大利……总之此行将像个美丽的大肚罐子，里面将注满最深刻的内心感受……

　　凌晨两点，在顺着流经布达佩斯与贝尔格莱德的大河往下行驶的轮船上，我就这样心潮起伏，思绪万千，不能自已，竟至忘记走上甲板，去观赏那一轮已经很满的月亮穿过星辰的迷宫，升起在中天的美景！

致拉绍德封"艺术画室"友人

佩兰，我的老友，你好！也许奥克塔夫正在巴黎索尔邦街他的寓所阅读那篇可敬的日记，我已经收到他写来的加黑框的唁函了。他用象形文字[1]告诉我那孩子出生之前情况就非常不好，几近死亡！我曾做过保证，旅途坚持做笔记——差不多就是写日记了！……我真是最不幸的人，因为坦白地说，这是无聊之至的事情；而搅了那么多同胞的午睡，这种感觉更是让我忐忑不安，因此我就写信给你。既然你几乎和乔治一样喜欢各种形状（当然是造型），而且你懂得欣赏球体的美，那我就来给你说一说罐子，农民的罐子，民间的陶器。我将附带提一提路上的几个港口，这样一来，我的编辑就会满意。本来我是想给画室的陶匠马利尤斯·佩莱农写这封谈论陶器的信的，可是马利尤斯不太喜欢球形，因此，我就把这种大肚形器具的故事和我心醉神迷的感受告诉你。

你是体验过这种快乐的：触摸一个罐子宽容的肚子，轻抚它优美的细颈，接下来细细品察它精致的轮廓。两手插进深口袋，

---

[1] 形容文字非常古老。

半闭起眼睛，听任那流光溢彩的釉质将你陶醉：黄釉的艳丽，青花的柔和，无不让你悠然神往；或者，执迷于粗犷的黑色整体与得意的白色元素那曲折跌宕的冲突……你要是想象，在几个月舟车劳顿的奔波之后，我的工作室也许收拾得高雅精致，空中飘浮着卷烟的淡蓝轻烟，你和其他多年未见的朋友或坐在圈椅上，或躺在沙发上，而我则费神地给你们讲述连闹钟都会无聊得睡过去的见闻，就会更加理解我这话的意思。我将给你介绍的罐子圆溜溜的，就摆在那里。

你得知道，我们在布达佩斯就弄到了一套制造罐肚和罐颈的设备，可以使上面提到的那种时刻变成现实。我们早已知道，在我们要经过的一些地区，农民艺匠善于把色彩与线条、线条与形状和谐地糅在一起。对他们的本事，我们垂涎欲滴，只想学到手！我们做了种种尝试，甚至冒着倾盆大雨，走回去商量，害得奥古斯特这个同甘共苦的伙伴都叫起苦来。最后我们终于下到了"阿里巴巴的山洞"。而此时，不论在布达佩斯某家阴暗的店铺，或某间寒碜的地下室，还是在火热的正午，匈牙利平原某座村庄某个老太太尘封的阁楼上，都笼罩着一股锁不住的放荡气息。你闻到了这种气息！一些罐子就摆在那儿，色泽明丽，质地坚固，优美的造型让人心头大慰。我们把充斥于全欧洲的那些色泽黯淡、乱七八糟、既无产地又无来源的陶器看了又看，才挑出这些精品。

匈牙利的农民都是陶艺大家，做出的器具品质不俗，可即使在那里，我们也发现商家拿出来的货色比别处差，而时尚对仍然单纯的灵魂的影响比别处更糟。绚丽多彩、描金镀银的玻璃器皿太多了，印着路易十五时期的贝壳纹饰或近年流行的花卉图案的餐具太多了。我们不得不逃避这股一直侵入到偏远山乡、破坏那里传统的"欧洲化"浪潮。在那些平静的地方，民间艺术虽然还没有失传，但已经黯然失色，离完全消失的一天也不太远了。

农民的艺术是审美感觉的一个惊人创造。如果艺术要把自己提到科学之上，恰恰是因为与科学相反，艺术激起肉感，唤起身体深处的共鸣。它把合理的部分给予肉体——人的动物性，然后，在这个容易增加快感的健康的基础上，树起最高贵的梁柱。

这种民间艺术像一种持久的热乎乎的抚摸，包裹整个大地。它用一样的鲜花来覆盖地面，消弭或模糊了不同种族、风土和地理的区别。这是一种漂亮动物的生存快乐之体现，而且是一种丝毫没受到压抑的快乐。其形式是外露的，充满了活力；其外形总是综合了各种自然景色，或者，就在旁边，在同一个物体上，呈现几何学的美景：基本本能与更为抽象的思辨那敏感的本能惊人地结合在一起。

色彩也一样，它不是现场描摹，而是回忆的色彩；它总是具有象征性。它是目的而不是手段。它是为抚摸和陶醉眼睛而用的，而且它到了这个反常的地步，一声大笑，就把那些拘谨的巨匠，如乔托、格里柯、塞尚、梵·高之流吓翻在地！从某种观点来看，民间艺术漂浮在最高的文明之上。它成了某种规范，某种尺度，其基准是人类的祖先——如果你愿意，也就是野蛮人。

佩兰我的朋友，陶器写得够多了，恐怕你已经厌烦。然而，匈牙利和塞尔维亚的这些陶器还有说不完的话题，因为在它们身上有可能展开对不具名艺术和传统艺术的研究。我们参观匈牙利平原和塞尔维亚属巴尔干半岛的陶器作坊时，有两件东西给我们留下深刻印象，但现在我就此打住，不再描述了。接下来，我说一说多瑙河边一个村庄的事情，好让你休息一下，也让你艳羡艳羡。

在那些并不进行推理的人那里，这首先是对"有机线条"的本能评价。最有用的、体积最有膨胀性的线条，就是最美的线条。

有一天格拉塞先生[1]在巴黎对我说：

"美，就是快乐。"

"何必模仿那缩做一团的芽苞呢？那是难看的东西！快乐，就是舒展枝叶、挂花结果、傲然挺立的树木！美，就是绚丽绽放的青春。"他又加上一句。

如此看来，这些陶器朝气蓬勃、喜笑盈盈，大肚子膨胀到极致，线条绷紧到了要爆裂的地步——就让我用这些词语来形容吧。这些陶器是村里的陶匠用陶车旋出来的。那头脑简单的匠

---

[1] 格拉塞（M.Grasset, 1849—1918），法国名医，对神经系统较有研究。

人旋坯的时候会走走神，但不会比隔壁食品杂货铺的老板走得更远，而手下却不会停，手指无意识地遵守着千百年来的传统定下的规矩。这个传统与现代大工厂里天知道谁设计的那些怪异和低能的形式形成强烈对比。那是一个笨人，某个下层画师一时兴起绘出的东西，之所以绘出这样的而不是那样的形状，唯一的目的就是要与昨日绘的不同。在多瑙河沿线，以及后来在土耳其的阿德里安堡城(Andrinople)[1]，我们发现了迈锡尼画家曾用黑色阿拉伯式装饰图案覆盖的那些形状；坚持传统的态度是何其执著！因此，不知有没有比今日单为创立"新"目标而否定传统的做法更可悲的事情了。在各个艺术领域都出现了这种创造力偏离正道的现象，它不单给我们带来了不实用的茶壶，样子丑陋的茶杯，肚子往里凹陷的花瓶，还带来了坐伤人的椅子，装不了东西的箱子，以及外形奇丑、荒谬、不合规范的房屋——我的雕刻家朋友啊，那些房屋上面无用的雕刻布满污垢，刀法没有分寸，让人无法原谅。我们生活在一个不适宜居住的混乱环境，不是吗？……

　　我索性把话说完，用两句话把一件既惊人，又让人不安的事情告诉你：那些陶匠"并不在乎"他们的技艺。他们是用手指干活，而不是用脑子或心。我们走进他们的店铺，把存货扫荡一空的时候，他们张口结舌，惊讶得说不出话来。有一点是肯定的，现在看来，他们的产品是良莠不齐的，他们拿出来给我们看的，正好是那些

---

[1]　阿德里安堡，土耳其城市埃迪尔内(Edrine)的旧称，位于土耳其与保加利亚边境。——编注

差的、颜色发黄的、品位恶俗有时让人反感的东西，以及集市日从城里来的流动商贩货摊上看到的小玩意儿的仿制品。他们自己的技艺已是一种幸存下来的文物，例如，在巴尔干的克尼亚热瓦茨（Knajivaze aux Balkans），如果你过几年去那儿，像我带回的那样的陶器，恐怕一件也见不到了。它们在二十年前就已经老了，这些"拙嫩的有瑕疵的成品"被扔在废品堆里，满是灰尘，我们是从那里把它们翻出来的。

奥古斯特正在准备他的艺术史博士论文，把这种状况细细思考了一番，突然觉得心里一亮，就忙着为一种揭示性的理论催生引产起来。他感受到了匈牙利和塞尔维亚陶罐的最后危机，顿时举一反三，想到了各门艺术和各个时代，于是创立了"20世纪艺术里民间陶器的最适当时机"的理论。用德语表述容易得多："心理上的适当瞬间……"我把奥古斯特的事情说给你听，他陷在这个理论里出不来了，我也没有办法帮他。关于那个情况非常不好、出生之前就差不多死亡的第二个孩子（就是为了他，奥克塔夫给奥古斯特寄来了用梵文写的加黑框的唁函），我将在某些合适的地方告诉你我们对此是多么痛苦。

6月7日，星期三早上。白色大船是昨日入夜时分驶离布达佩斯港的。借助湍急的水流，大船顺河而下。相隔遥远的左右两岸无尽地向前延伸，直到天边会合。一行黑色的桩标识出宽阔的航道。几乎所有乘客都睡着了：享有特权的乘客占据了头等舱吸烟室，睡在包了红色天鹅绒的长椅上；而那些农民，则带着无数行李，不分男女地杂处一堆。他们的大包小包上常常用粗糙而随意的手法绣着图案记号。月挂中天，众星黯淡。我对轮船经过的地区非常陌生，因为从未听人说过。然而我却觉得，这里一定非常优美，非常高贵。你要笑话我了！每次回想起我们周日下午去听柯洛纳[1]音乐会的情形，你总是激动万分，可你知道是什么原因促使我来到这个从未见过、一无所知的平原的某个角落吗？是《浮士德的天谴》的头几小节。我每次听见那段乐曲，总要被它缓慢而忧伤地表现出来的威权而感动得近乎流泪……那一夜我无法入眠。我裹着大衣，独自守在上层甲板，面前是一具棺材……上面覆盖着一块绣着银线饰带的大黑布，放着两个花圈。在月亮下和波光粼粼的水面上奏出的这支黑白交响曲：整架漆成亮白色的航海器，张着巨大嘴洞的通风机，两边黑糊糊的陡岸，阴暗的像块黑影的棺材，在驾驶台上踱步的船长身影，甲板上听到的唯一人声——两个领港员在船尾悄声低语，还有，一路上，每当轮船驶进被河边小磨坊的小夜灯微微照亮的水面，从水手瞭望岗响起的低沉钟声，这一切，都潜入了一颗非常宁静，有时为一种兴奋的战栗、一种想哭的愿望扰乱的心。那些沉睡的小磨坊，我在后面还会提到。我就待在那具棺材旁边，不断地看着它黑色的罩布，还有两个花圈，

---

[1] 柯洛纳（Edouard Colonne, 1838—1910），法国指挥家，提琴师。

内心充满不安，只觉得棺材、静寂与所有水平状态的线条组成了一个阴谋。

我向船长提了个问题，接下来，趁着睡在豪华天鹅绒长椅上的冷漠乘客暂停打哈欠的间隙，我说出了我的愿望，说我是画家，想找个保持原生状态未遭破坏的地方。船长一口气说了不少地方，于是我们天一亮就下了船，来到一块齐水面的浅岸。那里离小城包姚（Baja）约半小时路程。大路两边，都是半掩半露的牧场，有"埃及那样的"大灰牛在里面行走觅食。当我们来到一座匈牙利式的巴洛克教堂旁边的广场上时，几乎与一群举着十字旗、衣着褴褛、十分贫穷的香客撞了个正着。这些善男信女虽然形神疲惫，但都光着头，不戴帽子不扎头巾，唱着让自己的灵魂安宁的圣诗。他们募得了几个少见的铜板，就朝着某处圣地走去。我们则来到人头攒动的市场。在这里，卖货的农民多过出售的商品。因为在这些地方（我们下面会提到的），一两个妇人，蹲在一小篮水果或蔬菜后面，一天有相当于个把法郎的收入就够了。同样，在大路上，我们也遇到一些女人，她们常常是两三个人放牧一头奶牛；在城里则遇到老巫婆似的女人，牵着一头山羊，让它啃食街面砖缝里长出来的野草。不过，透过装着樱桃与蔬菜的篮子、屠夫的砧板，奥古斯特已经见到了釉色的光泽，就像哥伦布的瞭望水手发现新大陆一样叫起来："罐子！"

　　只见数不清的坛坛罐罐，一只只一行行摆在街面上，就像食品贮藏室里的土豆。不过与商贩的沟通不大容易，我们开始只能比手势，打哑语。一路过来，我们都能找到说德语的人，到这儿却碰了壁。我们就这样一边说，一边连比带划，半个钟头之后，顶着已经火辣的日头，穿过大街小巷，来到了这个《一千零一夜》里的谷仓。在这里交了好运，这位阿里巴巴磕磕碰碰地说出几句德国霍亨索伦皇帝、高雅趣味的倡导人威廉二世的语言；我们这位老兄两手沾着陶泥，站在一堆黑罐上方，连比带划，慢条斯理，毫无热情地做着介绍。那些不会发声的东西入冬以来一直窝在这个晦暗的破阁楼角落里，没有挪过地方。

　　我们选好货，走下楼梯。小伙子把他祖母介绍给我们，老太太抓着我们的手久久不放。接下来我们参观他家的各个房间，到处都透出大城市那种乱七八糟的趣味。奥古斯特的理论将把大城市作为基石，心目中的根基！最后来到他的工作室，小伙子只在冬天来此干活，夏季要忙田里的活儿。室内陈设简单，甚至简陋，不过房前有个精致的院子，里面长着玫瑰，歪歪斜斜地立着一根拱形的大杠杆，发黑的木杆放下去，可以从井里汲水上来。石头的井栏本是让雕刻家大显身手的地方，可是这眼井的栏杆却不是石头雕刻的，而是粗泥涂抹的，院子里葳蕤的红蓝鲜花映饰着粉刷成白色的井栏。大平原上的这些村镇真是壮观，你想象得到它们

16

大气的格局。一条条街道纵横交错，整齐划一，宽阔平直。沿街长着一团团低矮的金合欢属植物。阳光直射街面。街道是生命流向大平原的渠道，是大平原的生命中心。现在街上冷清清的，空寂无人，因为生命在此只是短暂的过客，在广袤的大平原上也是如此。从某个意义上说，街道就像一条条巨大的滑槽，因为到处都有一堵堵高墙将它们围住。你就把它们当作给人深刻印象的单元，巨大的建筑符号来理解吧。单一的建筑材料：一种强度高的黄色粗涂灰泥层；单一的风格；纯净的天空；独特的金合欢属植物，绿得那样出奇。沿街建着一排排房屋，虽然不宽，但进深很大。每座房子的山墙都不高，并没有高耸的屋顶像三角楣那样搁在墙上。墙内的土院子种了树木，搭了葡萄棚，长着到处攀援的玫瑰，满园春色关不住，树冠、藤尖、玫瑰梢纷纷从墙上探出头来。那些院子，你可以把它们想象成一个个房间，夏日的房间，因为每座房屋都是等距离地靠在围墙上，只有连拱廊后面的正墙上开了窗户。这样一来，每座房屋就有了自己的院子，里面的私生活，就和艾玛修道院（La Chartreuse d'Ema）[1]那些神父的花园一样舒适、隐秘。你一定记得，在那家修道院的花园里，我们曾觉得忧郁渐渐侵入内心。而此地则集中了优美、快乐和静谧。一座半

---

[1] 艾玛修道院，意大利佛罗伦萨市南边天主教卡尔特修会的修道院，1955年后，归属西多会修士。1907年，柯布西耶在他的北意大利之行中发现了这个修道院。对于该修道院中私密空间与公共空间的关系，柯布西耶极其赞赏，称"找到了标准住宅的答案"。在其后不断提及，并从中获取设计灵感。半个世纪后，柯布西耶在设计里昂附近的拉图雷特修道院（Sainte Marie de La Tourette）时，向艾玛修道院做了"致敬"。——编注

圆拱腹的宽大拱廊，由一张漆成红色或绿色的木门关闭，朝向屋外广阔的空地！由木条搭起的葡萄棚提供了一团绿荫。每年春天，舒适的白色连拱廊和三面粉刷白石灰的高墙都成了和波斯陶瓷背景一样好看的锦屏。女人都很美丽，男人都很干净。每个人的衣着都很艺术：闪光的绸缎，割得很薄的彩色皮革，绣黑花的白短袖衬衣；青筋毕露的大腿和赤裸的小脚是褐色的，皮肤细腻；女人走起路来扭着腰肢，娉娉婷婷，直摇得短袍上的千百个褶子像印度舞女的裙子一样全部抖开，丝绣的花卉在阳光下闪射着金辉。我们很喜欢那种服装。人们的衣着打扮不尽相同，与白色的高墙、庭院的花篮却很协调，有时对那么打眼的街道是一种特别有益的补充。在给你描写这些的时候，我又想起了前面做的那个比较，记得在伊斯法罕城（Ispahan）[1] 见过一幅大壁画，那是以前从卢浮宫学来的玩意。画面上，一些娇小的女人穿着蓝底黄点，或者黄底间蓝条的裙袍，在一座花园里游玩。天空白亮亮的，地面的一切都生机勃勃，一株树上叶子泛黄，树干十分茁壮，枝丫上开着白花，挂了绿色的石榴。绿茵茵的草地上，花儿不是白的就是黑的，而叶子不是黄的就是蓝的。这幅独特的画面透出一股欢乐，让人惊奇的欢乐。你知道这幅壁画让我多么兴奋啊！

在包姚那个陶匠家，在他那些邻居家，在平静的厚墙里面，我也是一样兴奋来着。那些稳重厚实的高墙上开着两个门洞，一

---

[1]　伊斯法罕，位于伊朗中部，是一座著名的古城，在 16—18 世纪萨法威王朝统治时期达到鼎盛，有"伊斯法罕半天下"的美誉。——编注

个大而圆，是供车马通行的，另一个很小，供人客进出。小门直接连着拱廊。在长着一团团金合欢属植物的街道两边，低矮的山墙呈黄色三角不声不响地对峙着。墙内，都架着葡萄棚，长着到处攀援的玫瑰花。

佩兰，我跟你说，我们这些文明中心的开化人，其实都是野蛮人。握你的手。

维也纳

　　富人寻欢作乐是为了救济穷人。因为要让他们也感到无聊，那就未免可笑。如果富人真到了无聊乏味的地步，穷人也就得不到他们的消遣娱乐了，而且这样一来，就感觉不到一丝人情味了。——让·里克图[1]在他的伟大的叙事歌谣的第二节，已经就这个问题做过内心独白……

　　今日是"花节"。满城张灯结彩，展示着豪华。通往普拉特宫的大街涌动着衣冠不整的人流。一眼望不到头的大道就像是漫长的一横，划过皇帝赐给这个城市的公园。大道两边绿树成荫，亭亭如盖，下面，聚集着一些贫困莫名的"无业"民众，他们想方设法来到此处，或是来加剧自己失宠受压的积怨，或只是来满足自己看热闹的愿望。啊，维也纳的贫苦民众（四年前我就了解了他们）！利欲熏心，表情麻木，不给人以半点好感！我们与这些人摩肩接踵，一起待了三个钟头，却没法喜欢他们，因为我们都是严肃认真的人，不喜欢怜悯什么人……但愿我这些匆匆得到的肤浅印象能得

---

[1]　让·里克图（Jean Rictus, 1867—1933），法国诗人，曾写作一些以穷人为主人公的诗歌。

到《守望报》朋友的谅解！

大道中央，是一辆辆豪华马车和汽车组成的车流。一切都消失在花丛下面；在这些转瞬即逝之物下面，是另一些转瞬即逝之物——用诗人的话来说，是如花似玉的少女，是喜笑颜开、也许稍嫌堕落、满怀情欲的美女。在这五颜六色组配的乐器里，一些身着黑装的先生充当的是第二小提琴手，他们不可避免地成为与抛来的玫瑰、大胆献上的百合联系在一起的情节的题材。维也纳人充满个性和贵族气的节庆，带着其全部芳香与病态，由威廉·里特 [1] 先生在《他们的百合和玫瑰》中做了叙述。

下午酷暑难当，我们都热得昏昏沉沉，没有精神深入观察，只是走马观花地看一遍；再说我们也没走进那衣着漂亮的调情队伍，只是盯着花花绿绿的马车。那些车子漆成粉红色、蓝色、黄色、绿色，或者鲜红，或黑白、灰白相间，或者整个儿全是白的，煞是好看。在这一片姹紫嫣红的海洋之中，有两个贵妇特别显眼，她们顶着由黑蕊白罂粟花扎成的华盖，在路上款款而行。我们发现，纸扎的花朵遮天蔽地，把鲜花都淹没了。远处，在来来往往的灯光闪烁之中，那些扎得精美亮丽、大得出奇的花朵，是热带的奇花异卉。周围，则是我们的欧洲玫瑰、我们的鸢尾、我们香气逼人的大百合。

从这里也可以明显地看出，这些花车队列耗费巨资装饰打扮，

---

[1] 威廉·里特（William Ritter，1867—1955），瑞士作家与艺术批评家，本书作者的朋友和导师，影响了他此次东方之行历经地点的选择。

其实没什么意义，因为目的被人遗忘了。有趣的细节虽然在其中得到展现，总体却受到了损害，可以说看不出什么总体风格。这点是可以理解的，因为没有人想到这一层。不过大家都往好处想，这种心愿是如此强大，也就使得整个局面得到了改观：从此处，穿过一根根支着巨大的摇篮、排得见不到头的黑木柱廊，开始了让人惊奇的游行队列。目光迷乱，被这一幕五颜六色让人目眩神晕的"电影"迷住了。其实很简单，就是有钱的维也纳在演戏，无钱的维也纳在充当看客……

日落时分。在林木森森的郊区，有一个巨大的院子，周围建着一些低矮的、开着连拱廊的小楼。入口有两道塔门，一根黄色的栏杆迎面把门拦住，栏杆上均匀地漆着百叶窗那种深绿的条纹。其实这里是一座巨大的宫殿，整个建筑群显现出路易十四那种威严壮丽的气派。进入大门，走过一片气象森然的院子，冷不防一个法式花园就突然展现在你面前。不过这个园子会让你觉得惊讶，不是因为富丽堂皇，而是因为简单，简单到寒碜的地步！不过，花园里却有一个十分巨大的花坛！花坛显得方方正正，又宽又深，十分平整，上面一畦一畦整齐匀称地种着各种花草，坛边则种着一圈黄杨木。没有一棵树木扰乱这百草杂陈的花坛。然而花坛两边，蓦地耸立起两道绿色的高墙，像经过刀砍斧削，十分光滑平整。当我们站在高处，看着高墙脚下披红挂绿游行的人群，那情景真叫人吃惊。院子深处,一座小山冈挡住了人们的视线。冈顶上砌着非常简陋的连拱廊。不过,当我们折转身来,见到的又是那根粗大的黄色栏杆和那道高墙。高墙上堂皇而安静地端坐着顶楼。众多百叶窗关得严严实实,给顶层抹上了一道深绿。

古老"贵族"的维也纳存续下来了,但在威严高贵的背景衬托下,它显得阴郁。在阴森而静谧的大厅里,家具都罩上了布套。墙上挂着的肖像在悄声回忆昔日索因布鲁恩皇宫的豪华。当时君王的车马随从就守在院子里待命,而在法式花园用花草隔出的一个个区间里,朝臣们细心料理各自的事务,就像一只只丝绸扎成的蝴蝶……

……收藏艺术品的小老头握住我们的手。我们敲他家的门不为别的,只为满足我们对印象派绘画的喜爱。小老头收藏的作品里偶尔也见得到好的,我们不吝言词,大加夸赞。这位收藏家大概感到几分失望,因为他已经把数十万巨款丢在这些细小的画框上了。这些大小如祖母辈《圣经》的画作,都是他这里万把克朗,那里五千克朗收来的,数量可不少。可是他领来参观他那满墙名画的人却并不懂得欣赏,赞美的话总是说不到点子上。屋里采光不行,照明不够,中间部分显得晦暗,而且家具陈设粗俗恶劣。不过这位收藏家却有几幅马奈、库尔贝和德拉克洛瓦的作品!这几幅瑰宝使他身上具有一种惴惴不安的傲气,希望得到人家的肯定、赞美和欣赏。我们的惊呼欢叫，他都贪婪地照单全收。我们打量室内，观察收藏家，欣赏这些大师的作品，心头忽然掠过一丝不快。这难道不是一个附庸风雅的家伙，一个不正常的收藏迷？其实他对艺术并没有纯粹的理性的喜好⋯⋯

我们走到街上，一边谈论一些藏画的家伙。我不久前在德国威斯特法利亚的哈根拜访了一个著名的艺术资助人。奥古斯特对这种事不感兴趣，可是也不得不听我讲述[1]。那次经历和这次差不多。那位资助人为人善良，大有先贤遗风。他的别墅是一位叫范·德·威尔德[2]的大艺术家建造的，里面收了很多现代大师的作品。在大厅里，我们一边与五个妇人交谈，一边等待本宅主人的接见。那些妇人是派来照料一个对神秘花朵着迷的孩子的。一过这所大宅的门槛，贺德勒[3]的《被选中的一个》（I'Ela）就让我们感觉到了本宅主人的格调与情趣[4]。在音乐厅里，挂着一幅维亚尔[5]的大画，还有几幅梵·高的动感强烈的画作，和几幅高更的画面平静的作品。几面墙壁与家具配合，营造出一种气氛。从房间的大窗户望出去，花园里有一件马约尔[6]的雕塑，日光照耀下，那件作品泛出白色⋯⋯

---

[1] 奥古斯特当时正在写作格里柯的博士论文，后来成为伯尔尼的艺术品商人。

[2] 范·德·威尔德（Van de Velde），荷兰画家，历史上他的家族出过好几位画家。

[3] 芬迪纳德·贺德勒（Ferdinand Hodler, 1853—1918），瑞士画家，象征主义运动的主力干将，其作品的主题常是死亡。

[4] 此时是 1910 年。——作者注

[5] 爱德华·维亚尔（Edouard Vuillard, 1868—1940），法国画家。

[6] 阿里斯蒂德·马约尔（Aristide Maillol, 1861—1944），法国雕刻家、画家。

在这个宅院里，没有一个角落不关着梦想。印象是深刻的，渐渐地，对那位面带微笑，努力表达其睿智和善良的年轻主人，大家不由得不生出钦佩和亲善之情。

……现在，我们来看看维也纳的现代绘画。我们跨过"分离运动"[1]的门槛，因为它代表了一个时代。在正厅，我们落到了（而且是从天而落）巴黎的……罗尔先生[2]的画作前！巴黎的罗尔先生是"法国"的，或者"法国人"的大师之一，是维也纳分离运动的客人！他画的店铺招牌样式真是怪异！因此，我们的热情也就暂时收起双翼，闷闷不乐地沿着别的挂镜线，来寻找意外的慰藉。然而这是白费气力：到处是泛泛之作，满目都是平庸。于是，我们匆匆在这座象征克利姆特[3]和贺德勒昔日辉煌的穹顶下面转了一圈，再度在卡尔广场（Karlsplatz）走了一趟，就上路奔赴"哈根布恩"画廊（Hagenbund），为白白扔掉了二十个铜板而懊悔！

在一篇写得并不十分差劲的介绍里，哈根布恩给我们展示了另一个艺术家协会所做的努力，但是我们什么也没得到。我们毫不犹豫，马上就不往下看了。奥古斯特情绪不好，我也很忧愁。在艺术馆，有维也纳保守派艺术家举办的画展。

天哪，那个画展里会有打动人心的题材吗？我们虽然精疲力

---

[1] 19世纪末维也纳的新艺术运动，主张脱离古典学院派艺术，追求个性及与现代生活的融合。在绘画、装饰美术、建筑设计上产生重要影响。

[2] 阿尔佛雷德·菲利普·罗尔（Alfred Philippe Rolle, 1846—1919），法国画家，以肖像画、风景画，以及军事和海军题材而著名。

[3] 古斯塔夫·克利姆特（Gustav Klimt, 1862—1918），奥地利画家。

竭，还是去看了在密耶特克画廊展出的科洛曼·莫瑟[1]的作品……
唉，维也纳的现代绘画，真是不敢恭维！我们这次算是大失所望。
在普拉特，不论是月神公园，还是风景名胜小威尼斯，都没有让
我们摆脱这种沮丧的印象！

现代画廊里藏有几个著名的法国画家的作品。可惜关了门！

我们或许是受到上天的启示，穿过帝国画廊那十分讨厌的大
厅和走廊，朝那个线条粗犷、风格遒劲、热爱生活的画家走去，
朝那个在库尔贝之前三百年诞生、作品气势磅礴、表现力惊人的
印象派画家走去。那个老彼特·布勒格尔[2]在《一年四季》(Saisons)
和《乡村游艺会》(Kermesses)中用他的整个灵魂来讴歌生活的
快乐，来表达他对这块给了他力量与快乐、让他找到自我的土地
的崇敬与热爱，因为这块土地美丽而健康。

正由于老彼特，我们从维也纳绘画界得到的益处，超过了委
拉斯凯兹富丽堂皇的浅薄，和鲁本斯的肉感。这两个人在慕尼黑
是那样受人欢迎，在这里却让人反感。

维也纳因音乐和巴洛克建筑而享有盛名。今日，随着现代建筑
技术的侵入，17、18 世纪那些富丽堂皇的教堂、气派威严的王府
都消失了。环境遭到无情地破坏，必须躲到索因布鲁恩(Schönbrann)
的古老法式公园的偏僻角落，能到观景阁（Belvedere）就更好。

---

[1] 科洛曼·莫瑟 (Koloman Moser, 1868—1918)，维也纳分离运动的元老，作品主要是
工艺美术设计。

[2] 老彼特·布勒格尔 (Pieter Breughel, 1525—1569)，佛兰德画家。

一个疏忽让我忘记了奥加尔登花园（Augarten）。维也纳大街两旁的建筑很俗气，不是一种暴发户的炫耀，就是虚浮的夸张。不过，年轻一代最新的建筑设计，倒是让我们感到慰藉，因为它们充满理智，体现了常识，虽说有时有点狂。此外，也不是每个人都能感到慰藉，因为，这个城市过于稠密，在那愚蠢的楼房密林里，你得有职业眼光，才能发现这些建筑作品。

　　总之，维也纳给我们的印象仍是灰色的，尽管我们怀着真诚的愿望，想努力解读这个城市。金融家毫无情趣的摆阔氛围使这个城市黯然失色，因为它压迫人，使人不堪重负，无法快乐。对我们这些一路走马观花、未深入这个城市灵魂的人来说，维也纳是沉闷无趣的。

多瑙河

东方快车并不拖延晚点。它呼啸着穿过一个又一个国家，仅仅在大站沉闷的停留时才喘息几分钟。对一路经过或者惊扰的自然美景，它视而不见。可是作为乘客，无论来去，在经过流淌着马里查河（Maritza）的平原时，却看不到阿德里安堡城的小山上"光荣属于真主"那三座无与伦比的清真寺[1]，就有点说不过去了。所以我们放弃了东方快车。

在地图上，有一条大河从阿尔卑斯山流到黑海。流经一些据说几乎荒无人烟、饱受洪水泛滥之苦的平原。除了偶尔有些交错之外，标志着铁路的红线并不接近标志河流的蜿蜒曲折的蓝线。人们建造了一艘艘白色的轮船，来保证多瑙河上的客货运输。夏季，河上天天都有轮船在上下游间往返，而到冬季，航班就开得稀了些。船上设施非常齐全。船头有一个客舱，是二等舱，卧铺和餐厅都在里面，还附有一间吸烟室；一截敞露的被强劲的河风疾扫的甲板。轮机舱与头等舱隔开了。一些农民带着磕磕碰碰的大包小包，

---

[1] 此处应该是指位于埃迪尔内市中心的萨利姆清真寺（Selimiye Camii）、Üçşerefeli Camii、埃斯基清真寺（Eski Camii），其中，萨利姆清真寺是由奥斯曼最伟大的建筑师锡南（Sinan）建造，据说是锡南本人最满意的作品。锡南有"奥斯曼的米开朗基罗"之称。——编注

扎堆坐在散发着机油燃烧后的恶臭的底舱里。这些粗野汉子穿着老式服装，就这样领略一种欧洲文明的开端。在他们看来，这种文明有那么多吸引人的地方，简直把他们迷住了，甚至让他们感到震惊。每过一道国境，就换上一批穿着不同服饰的农民乘客——一路上经过奥地利、匈牙利、塞尔维亚、保加利亚、罗马尼亚，因此穿着匈牙利平原色泽鲜艳的绣花衣、塞尔维亚深色的厚布衣，以及裹着黑白毛皮褛子、套着黑白羊毛混纺衣服，或者用巴尔干几千群绵羊产的天然褐色羊毛裹身的农民，我们都见到了。有时，还看得见一些野蛮人，他们哪有衣服，几块料子往身上一裹，绳子一扎就行了。平时他们脱衣想必有些困难。在灰蒙蒙的匈牙利平原，或者干旱的巴尔干半岛，他们放羊牧马，就在星空下露宿。

我们这艘大船的头等舱非常舒适。到处都包着红色的天鹅绒，格调高雅；吸烟室桌子上放着鲜花；非常宽敞的甲板上支着遮风挡雨的天篷，摆着一排排宽大的长椅和摇椅。吃的喝的，无不价廉物美。至于船票钱，简直微不足道：从维也纳到贝尔格莱德，二等舱的学生票只要十法郎。虽然我们不比西班牙大叫花子更有钱，却很难忍受船头的种种不便。每次乘船，我们都要对佩着肩章的船长说上这么一段：

"对不起，船长先生，比起二等舱来，头等舱好多了。作为大学生，我们觉得……"

那些船上管事的先生，戴着肩章绶带的绅士，也有同感，因为他们不是维也纳人，就是马扎尔人[1]、罗马尼亚人。我们就这样，只花几个法郎，就坐在有天篷遮风挡雨的摇椅上，或是吸烟室的绒椅上顺河而下！

晚上十时，我们在维也纳郊区一个码头登船。同时上船的，还有一大帮扛包提筐的农民。他们和我们一样，也想免费在船上睡一夜，因为船要到第二天早上才出发。那些人买的是三等舱的船票。他们将坐在四面来风的甲板上，你背靠我，我紧贴你，把包袱垫在屁股下面，或者把行李盖在身上，团着身子，挤作一堆取暖。头一天晚上，我们并没有享受到上面提到的绒椅。船上的长椅铺的是漆布。我们马上在长椅上躺下来。有些后来的乘客摇动椅子，想把我们赶下来，可是我们睡得很死。他们便报复我们，几乎闹腾了一夜，使劲敲打舱壁，还把拳头在桌子上擂得砰砰直响。船舱里亮着灯，明晃晃地，照得眼睛受不了；有人在舱里抽雪茄，浓烟弥漫，也熏得眼睛难受。此外，船舱里还有一个老人患了感冒，不停地咳嗽，每隔五分钟，他就要忍不住骂上一通，伸手去捉一只想象的跳蚤。他就是那些总是抱着成见的人之一——一些欧洲人编造了一些传说，说东方地区肮脏不堪，臭虫跳蚤成灾。其实总的来说，这里非常洁净。奥古斯特夜里甚至闹腾了几次，要与那些看不见的小虫子开战。拂晓，那些尊贵乘客上了船，轮船就

---

[1] 匈牙利的主要民族。

顶着大风，朝布达佩斯驶去。我实在不会写文章，这段航程，说些什么好呢？最多就说说我这个感觉迟钝的人对这块土地宽泛而模糊的印象。几千年前，早期的住民就在我描写的这块土地上制作陶器。此时这块土地给我的印象，就如那些陶器稚拙的形状传给我们的感觉。要把这种感觉写明白，必须精通要描写的对象。可我却被迷住了，被压倒了。说实话，印象太强烈，太出乎意料。慢慢地我才抓住了它们。到布达佩斯本来才三天的行程，我们却走了半个月。我们坐在甲板上，一路上看着连绵不断的变化不大的景色，膝头上放着一本书，却始终没有打开。这是一种巨大的幸福，一种宁静的快乐。请读者原谅我写出这些平凡的文字，因为我实在无能为力，写不出惊人的语句！大城市河段的浊浪很快就过去了，河水先是呈现出珠贝色，后又变成蔚蓝色。有人伴着施特劳斯《蓝色多瑙河》，优雅地跳起了华尔兹。我原以为河水是洗涤剂那样的蓝色，其实是一种浅珠贝色，到傍晚时分甚至转成了乳白色。轮船犁开迅速向后流去的巨浪，向下游行驶，我却在想象中沿河而上，一直上溯到阿尔卑斯山。我记起有一晚动身去柏林，看见一个恐怖的幻象，不由得大惊失色：在离拉蒂斯堡（Ratisbonne）不远的多瑙斯托夫山（Donaustauf）上，有座坟墓在向我微笑，一条大蛇，全身通红，一动不动地趴在被暮色浸染的褐色平原的盘子上。周围是那样沉寂，我非常紧张。于是我在想象中又转过身，朝着船头指引的方向漂流而下。东方的神奇之门贝尔格莱德坐落在河湾上。接下来，响起了卡山隘道（Défilé de Kasan）悲壮的回声，那是几百年前两军奋战留下的浴血呐喊[1]。铁门（Portes de Fer）[2]，就是图拉真[3]高举"鹰旗"的地方。而那条神圣大道[4]，我看见它陷没在罗马尼亚金黄的麦浪里酣睡。艳阳高照，天空也没入这片静寂无声的麦海。地势更低的地方，就是涓涓细流都流向东方的这条大河。我心事浩茫，顺着百折千回的河流往下走，我以后的旅途也充满了波折。

这是一种令人难以置信的孤寂。好几个钟头，前后左右，就只看得到远处的地平线。地平线上长着小草，阳光照耀下呈现出蓝色。波浪冲到草地上，把草叶染成黑色。一些峡湾似乎敞开了胸怀，把天空揽进了这丁点儿陆地。我们的轮船像个白色的幽灵，在无法抓住的元素中浮游。水天一色，水吸收了天，怎样把天从水里区分出来？从此所有生命都只在天上。波涛在排演一出云朵的大戏，透过浪花的面纱，结结巴巴地背诵着台词。

没有一幢房屋。没有一艘上行的轮船。不过，有时也有一条

---

[1] 卡山隘道是个古战场，据说当年两军激战时，天气突变，电闪雷鸣，大雨倾盆，岩石间所含的磁铁因此通了电，记录下了战场的嘶喊，以后遇到合适的天气条件，山岩间就会放出当年的录音。

[2] 铁门，多瑙河一处峡谷，在罗马尼亚和塞尔维亚交界处，为军事重镇，以险要著称。

[3] 图拉真（53—117），古罗马皇帝，征服过达契亚、阿拉伯、亚美尼亚、美索不达米亚、亚述等地，115 年战胜安息王国。

[4] 神圣大道，第一次世界大战时凡尔登战役中对军需补给线的称呼。作者此次旅行是在一战之前，因此揣为图拉真大军的后勤补给线。

大型拖轮拖着一串小船，黑压压的一片，浩浩荡荡地迎面驶来。偶尔也碰得到一条小趸船，或者一间值夜人休息的小茅屋。一条大路蜿蜒而去，向广阔的匈牙利平原延伸。趸船上堆着一些辎重物资，一些兴奋的战马和马夫在等船。这些衣饰上镶着花边彩饰的自豪的匈牙利人，从前属于阿提拉[1]的游牧部落。他们取下了身上的车套；生命与他们一起疾驰而去，身后留下滚滚红尘。轮船从他们身边驶过之后，天地间又恢复了沉静，仍然是一片孤寂。河道正中，排着一溜用锚固的船只建造的水力磨坊。它们很小，形状迷人，像教堂里的藏经柜一样闭得紧紧的。磨坊旁边，有一只又高又厚的大木轮，上面装着灰色的轮叶与轻巧的水筒。不过，在周围景物那亮晃晃的灰色映衬下，轮叶的灰色是深沉的，就像藏经柜。这些玲珑的水力磨坊就像精致的藤编，让人想起了中国。

早上，出现了一座巨岩，它像狮身人面像一样震人心魄，令人难忘。在它可怕的头颅上，有一根长长的岩柱，上面覆盖着一片原始森林，而在它背上浅短的草坪上，立着一些粗糙的穿了孔的岩块，这是古代城墙和坍塌的堡塔的残垣断壁。当年普莱斯堡（Presburg）[2]曾把敦实的要塞建在山冈上。后来，这个战争工事在灰蓝色的平原上坍塌了。匈牙利平原再度得到了极大的延伸。

河面宽阔，两岸古木参天，林深路蔽，无法勘察，我一时生

---

[1] 阿提拉（395—453），匈奴王，曾率军攻占罗马帝国的广大领土。——译注

[2] 斯洛伐克首都布拉迪斯拉发的旧称。

出错觉，以为是在亚马逊河上航行。下午的云团惺忪地睁开它们的白眼睛。此时除了地平线，没有什么景物可看。河道蜿蜒，地平线一段接一段，络绎不绝地出现在我们眼前！

如果我是渔夫或是在这两岸做生意的商人，我会虔诚地雕刻一尊类似中国木菩萨的神像，作为这条河的河神，我敬爱的偶像。我会将它奉在我的船头，让它微笑着茫然望着前方。我对它的崇敬，一点儿也不会亚于它在诺曼人的朝代受到的礼遇。然而我的宗教绝不是恐怖的，它是安详的，尤其是表示钦敬和仰慕的。

埃斯泰尔戈姆（Estergôn）[1] 出现了。映入眼帘的是一个奇怪的侧影：许多立柱上面，撑着一个立方体和一个圆顶[2]。远看，每根柱子都暗示着某种奇迹。一种美妙的节奏在立方体上流动，在山峦的衬托下，就像放在祭坛上的祭品。最后，在天地万物都沉醉在诗意中的时刻，碧空之下，万道霞光之中，河面上金灿灿的波峰与黑洞洞的浪谷构成了一个巨大的扇面。周围的群山清晰地显现出来，露出峥嵘的轮廓。此情此景，或许让我们想到了一个还不如这片景色壮观的紫色的希腊：周围的群山就是希腊的礁石，而那扇形的河面则是希腊的大海。

我们来到了瓦茨城（Vacz）。这个市镇缱绻地宿在洋槐树的叶丛里。就这样结束这难忘的白昼，对布达佩斯来说并不合适。

次日中午，我们在平原旅行，闷得喘不过气来。一列郊区火

---

[1]　匈牙利城市。

[2]　指的是埃斯泰尔戈姆教堂。

车慢吞吞地把我们带往布达佩斯。车上挤满了穿着节日衣装的农民。男的都很俊美，年轻力壮，一身发亮的黑呢服，裁剪得十分紧身。他们的衣服扣眼上，或者帽子上插着玫瑰花，三四朵一束。女的都是古铜色的皮肤，身板结实，充满活力，身上的衣服似乎偏小。她们手上也拿着玫瑰花，肉色的、鲜红的、金黄或者雪白的玫瑰花。她们黑围裙上画着一个个装饰性的图案，就像我们在历史博物馆看到的 18 世纪富裕农民的打扮。

　　我为什么要谈论布达佩斯，就因为我不理解它，不喜欢它吗？在我眼里，它就像仙女身体上长的恶疮。必须登上城堡的塔楼，才能看到这个平庸城市不可弥补的地方。在我周围，是悸动的山峦那激动的肌体。一股珠贝色的氤氲之气从平原缓缓地漫漶开来。多瑙河把山峦锁起来，让它们成为一个强大的整体，面对面地注视着一望无际的平原。不过，在这块平原上，弥漫着一股黑烟，把蛛网一般的街道都遮没了。五十年之内，有八十万人涌到这里，成了这个城市的居民。非常迷惑人的浮华外表掩盖着无可救药的混乱，使人觉得此城没有安全感。公共建筑虽然雄伟高大，可是没有几个人欣赏。不同的风格凑在一块，不但不协调，甚至相对立，顿时令人反感起来，也就没法对这种大而无当的房子表示好感。它们都建在河边，可是互不包容，也就没法形成一片和谐的河岸楼群。在高地上，有一座畸形的宫殿，旁边，则是一座新近修葺的古老教堂。

　　不过，在这座高地上，有一些古旧的房子，散落在洋槐林里面，就像绽放的花朵。一些简陋的山居，几道围墙把它们连成一片，一些树木从围墙内探出头来，倒是与这块起伏不平的地面十分相称。我们在这个平静的高地上逗留了好几个钟头，眼看着街灯一盏盏亮起来，昏黄的光亮照着被夜色浸染的城区。天地间一片宁静。突然，传来一阵缓慢低沉、极其忧伤的旋律。是一支萨克斯，或一支英国管。我凝神谛听，内心受的感染，比听到特里斯丹[1]临死时牧羊人用长笛吹起的古曲还要强烈。也是怪事，在昏昏欲睡的大自然里，这段旋律显得特别苍凉凄清。

　　读者啊，你们可知道，我壮美的多瑙河竟被一个"排字工"和一把剪刀删改得支离破碎，不成样子？在我们离开布达佩斯去包姚的那天夜里，多瑙河上灰蒙蒙的小水车给我留下了深刻印象。月光下，静穆、夜色、白光与不变的气氛串通一气，编织成一个巨大的阴谋：每当远处一盏风灯的光亮俯照万顷波涛的时候，礁石上就敲出一响苍凉的钟声，打破天地间的沉寂……拉绍德封《劝世报》的主编拿起剪刀，把这一段剪掉了，却让你们看到月光下一个愣小子，像拿破仑那样裹着大衣，迎着寒风，独自站在一具棺材前面的傻模样！而且，在这种场合，一般人都可能发出"是生存还是死灭"的感慨，可是他竟然删掉了这样一段！这样一来——

---

[1]　欧洲爱情传说《特里斯丹与伊瑟》中的男主人公，为情而死的典型。

让我说完那个"排字工"的事儿吧！——包姚这一段会让你们觉得乏味，因为记述这段路程的文字被删得七零八落，面目全非，让人不知所云！可怜的文字！取一个人的头，一截上身，一条大腿，拼成人像，那个"排字工"就是这样对待我的文稿的！包姚的街道，是通往平原的通道，在他们改动之后却成了平原的"转向口"。我知道，那把剪刀是善意的，因为它是想把一种靠不住的文体提炼得纯净一些。我承认它是出于良好的意愿，但这番好意还是免了吧。因为，读者诸君啊，你们既然被我弄烦了，就不妨再开一次恩，准许我设法呈献给你们一篇文学作品，既然我不曾学习过写作。在训练我的眼睛观看种种风情景物之后，我要努力用朴实的文字，把我见到的美传达给你们。我的文体混乱，是因为我理解的这件事情本身也是混乱的。头一天，那个"排字工"想让一个大叔免于生气！因为要是读了我刚才向你们吐露的那些不同见解，我的某位叔叔一定会大光其火！因此，排字工希望我的头一批文章有个被我变样的思想说服的"朋友"，而不是一位脾气不好的"大叔"。不过，这终究只是一个大叔，而且，这样一来，事情会变得更加可笑。即使你平平安安、衣食无虞地过了一生，没有半点小事跟自己的近亲发生过纠葛，在立遗嘱的当口也会招来他们的报复，因为你对他们是那样漠视。

　　总之，我还是希望大家在我那些描写民间陶器的篇章里读到，那些陶器的颜色"常常"具有象征意义，但并不是"永远"如此。——我又在这里谈论陶器了！这个要命的爱好让我离题了！我本想避开大旋涡，谁知碰到了海怪！——现在，我们顺着多瑙河，从包姚去贝尔格莱德。波涛拍岸。岸上是青翠的草场，伸展到遥远的天边。地上有一摊摊水洼，还有一些巨大的灰球——那是一些柳树的树冠，虬结在粗大的树干上，奇形怪状，看上去更像是突兀的礁石。草场上放牧着一群群白鹅，看上去白花花一片，像覆了雪；还有一些马在吃草。所有物体都聚在一条横线上，交相重叠，最后混作一堆，就像几何学上通过剖面看到的平面。这个平面就是无边无垠、麇集着生命的匈牙利平原。有几只鹭鸟吃力地飞起来，鼓翼在水面翻飞。有些日本木器上刻有鹭鸟图案，它们正是这种状态，真是栩栩如生啊。偶尔在不太高的天空，有一只雄鹰掠过。

有一阵子，我们看到一些破坏风景的地方，都有些气愤。布拉格一个学建筑的大学生，我们前天才认识的，看到河上草草架着的铁桥，忍不住连声大骂。每座桥都是一个模子出来的：一节长长的僵直的钢梁，从头到尾透空，都是只重技术不要美感的轻率设计[1]。他想象得出设计院在计算要用多少钢铁、多少铆钉时的场景，这个大学生只有表示不屑。我们则为现代技术辩护，说新的造型艺术从中得到了很多好处，它给建筑师提供了大显身手的壮阔舞台。在摆脱古典主义束缚之后，人类制造了一些大胆独特的物品。

---

[1] 其中有一座是修建巴黎埃菲尔铁塔的埃菲尔设计的。——作者注

在我们看来，巴黎的机器展览大厅、巴黎北站和汉堡火车站、汽车、飞机、横渡大洋的邮轮和火车头都是很有说服力的证据。不过那位大学生还是愤愤不平，为这些长桥上用叶型的装饰板连接钢件，用生铁铸造海神波塞冬的塑像而遗憾不已，因为它们像快车一样一晃就过去了，既蓄不住思想，也没法更长久地搅动思想。

夜里有人通报贝尔格莱德到了！不过两个整天，我们的幻想就破灭了——而且破灭得是那么猛烈，那么彻底！这个城市比布达佩斯还要混乱百倍！作为东方的门户，我们曾想象它车水马龙，川流不息，涌动着丰富多彩的生活，还驻有铠甲闪亮、衣饰鲜丽、戴着花翎帽、蹬着漆皮靴的骑兵！

这是一座让人失望的都城；甚至还要差，是一座淫秽的、肮脏的、混乱的城市[1]。不过，和布达佩斯一样，该城所处的位置却让人羡慕。在这个城市一个安静的角落，有一座出色的人种学博物馆，里面有地毯、衣服……坛罐等物品。那些坛罐很精美，是真正的塞尔维亚坛罐，就是我们后来去上巴尔干地区，去克尼亚热瓦茨方向寻访过的货色。我们是通过一条比利时人修的小铁路去那儿的。小火车沿着保加利亚边境线行驶，摇摇晃晃，让人眩晕。就在那条铁路旁边，同一个沟壑里，又建了一条新线，美其名曰"战略通道"。尽管新线处在保加利亚的步枪射程以内，但不出一年，它就会挤垮比利时小铁路的经营。告诉我们这些的是一个法国工程

---

[1] 这是 1910 年的印象，我当时二十三岁。那时塞尔维亚已被哈布斯堡奴役了很久。1914 年在萨拉热窝爆发动乱，旋即引发第一次世界大战。——作者注

师，他负责开挖其中一条隧道，面对如此荒谬的建设，他痛心不已。

我们或是徒步，或是坐小推车赶路。塞尔维亚的乡野真是理想的田园！大路上弥漫着春白菊的香气。平原上麦浪滚滚，大地洋溢着生动的气韵，而高原上一望无际的玉米，在紫黑的泥土上印上一幅辽阔的、麻木的、怠惰的阿拉伯式装饰图案。内戈蒂纳（Negotine）公墓就是这方面的典型。是应该谈谈公墓，但要等到斯坦布尔再说。

卡山隧道的回音是个恶作剧——是用一些响亮的呐喊来吓唬人的游戏。有个朋友冬天从柏林给我写信说："尽管乌云密布，电闪雷鸣，可也说明不了更多的问题。"铁门啊！我们没有找到你，或确切地说，我们没法让你复活！一道修建失误的现代堤坝，因一个白痴技术员的无知，在你身上添加了一道明显的伤痕，并且永远剥夺了你唤醒历史回忆的特权！图拉真曾经在你的岩石上镌刻，留下了——是啊——留下了遒劲壮美的题铭。

出了隧道，多瑙河就完全变了样子：河水成了褐色，水流湍急，奔腾不息。这就到了保加利亚。而一旦面对一些同样裸露、同样褐色的沙丘，或者洪水淹过的平原，就到罗马尼亚了。静寂与孤独坚守着这个被长浪推举的忧伤灵魂。在贝尔格莱德河湾之前，河岸是那样安详，那样湛蓝！而一到这里，就成了一个个圆圆的、有时无精打采的黄土丘。在有的地段，茵茵细草爬上了土丘，努力

想覆盖它。没有一株乔木，也没有灌木，放眼望去，是一片干旱的
不毛之地。没有房屋。唯一的生命特征，就是这条奔腾咆哮的大河。
今天早上，河水拍打着严峻而无言的河岸，卷起一堆堆泡沫。突然，
一个土丘轰一下流动起来，崩塌了。我们以为是褐色的沙丘塌陷
了，其实这是一大群绵羊，被牧羊人在后面一赶，就忽地一下散开，
奔跑起来。在天幕的背景上，牧羊人是一个小黑点。

　　在某个绿洲，两三个遥遥相对的沙丘之间，坐落着一个村庄。
新刷过的正面屋墙，紫色的屋顶掩映在金合欢属植物丛中。从维
也纳动身以来，已经十四天了。晚上，我们将到达布加勒斯特。
到了那儿，我们就看不到这条大河，这位新朋友了。再过一星期，
我们将渡过它去保加利亚，与它再会几分钟，然后，我们就朝着
什普卡关口，一往无前地向东方而去，再不回头了。

　　我们在塞尔维亚的内戈蒂纳停下，进了一家客栈。客栈的院
墙是白色的，院里搭着一个葡萄棚。连桌布上的阴影都是绿色的。
院外，正午的太阳烘烤着平原。院里有三十多个客人，都是偏僻
小城里的布尔乔亚，正在吃一对新人的婚酒。席上大家都保持着
乏味的安静。不时地有某个致词的人邀请大家举杯庆祝，可是声
音干巴巴的，缺乏热情。有个脸色红润的胖老头说话却很是尖刻，
一边说，一边还恶狠狠地扫视大家，直到大家七嘴八舌，纷纷表
示赞同为止。院子里有十来个茨冈男人，他们坐在桌旁打牌，几

乎不停地哼着一种奇怪的音乐。我们的耳朵听不惯这种声音和新的节奏。西方的音乐教育过于局限在我们自己的创作，而音乐会也很少向我们展示这种异族音乐，因为我们只接受一般的，优雅的，既不太新，也不太老的东西。

这时，院子里热闹起来，歌声四起。不久，我就完全被歌声吸引，也跟着兴奋起来。我对"俄罗斯合唱团的回忆"苏醒了。这些人有些新的歌唱技巧，装饰性要强得多，如女子合唱团极尖的女高音、男子的假声或者童声合唱那样强劲有力。音色对我们来说也很新鲜，这倒不是因为他们的乐器离我们近，而是因为他们保持节奏与运用和声的技巧，当然也是因为这是我们所不知道的音乐上的象征。在我们这个信奉个人主义的时代，我们是不可能有这种象征的。正如在斯拉维央斯基·达格雷纳夫[1]指挥的俄罗斯合唱团的歌曲里，我们感觉到了宽广的河流缓缓在无边大草原上流淌的那种气势，我们在内戈蒂纳也听到了神的声音。在轮船上我就对这位神生出了崇敬之情：它就是伟大的多瑙河，和它安详主宰着的大草原。或者，更确切地说，正是唱给这位神的颂歌，正是居住在这片广袤土地上的子民的叹息、哀怨和惊咤，促使人永不停止地奔波、流浪，追求那珍贵的、极端的、全面的自由——正是它在每个人的灵魂里唤醒了一份崇高的尊严感。在天上布满五彩云霞的黄昏，一群人蹲在火塘灰烬旁边，唱着歌，把心里话向激动着他们的火热灵魂诉说。

---

[1] 斯拉维央斯基·达格雷纳夫，Dmitri Slaviansky D'Agreneff，(1834—1908)，俄罗斯王子，俄罗斯合唱团大师。

这块平原，这些大草场，这些花朵，唤醒了人们对某些事物的感觉，而更细腻的感受，只能通过音乐、主观性艺术和梦幻来表达。

在茨冈人的歌舞里，我们美丽的多瑙河被当作神来颂扬。他们用的是匈牙利的"恰尔达什歌舞"形式——用几把小提琴、大提琴、低音提琴伴奏，但绝不用可恶的洋琴。首领是一位民间吟游诗人，站着高唱本民族的民歌。他依照自己的情绪变化，创造了一些回音。这些民歌的素材已经存在好几百年了，但民歌本身却没有定型，都是由歌手临场发挥。首领说出自己的想法，其他乐手就哀的哀怨，欢的欢歌，有的甚至高声大叫起来，总之是一丝不苟地照他的设想表演。只要一丝战栗就可以震撼这几个乐感极好的人。

一个独唱的声音缓缓地讲述着一个温和的想法——或者一根MI弦奏出如泣如诉的哀声。突然，一声山摇地动的齐奏，各种乐声一齐迸发。人人都加入合唱。乐器则或弹或拨，或用飘忽闪烁的阿拉伯式花音来应和。吟唱诗人又吟出一个新的想法，调动了"恰尔达什"的情绪，于是哀声骤止，众弦齐喑。诗人独自唱起一个充满希望的梦想，而欢乐就像一座在艳阳下周身闪耀着钢铁光芒、鸣响着武器撞击声的高塔，拔地而起……可是现在大河满溢了；低沉的声音在低音提琴的粗弦上滚出一串战栗；当独唱的声音像哀歌一样升上去的时候，蓝幽幽的夜幕就落下来了；远处，牢不可破的地平线正在把嗡嗡嘤嘤的大地与星光闪烁的天空连在一起，又把两者分开……只有吟唱诗人站着。一切都在一种巨大的变幻莫测之中终止。巴赫和亨德尔，还有18世纪的意大利音乐家，都达到了这一高度。颂歌就像一个个四平八稳的方形物体，就像一座座巨塔，舒缓而沉稳。而点缀着阿拉伯式装饰图案的高墙则把它们串接在一起。恰好从昨天到今晨，我们在多瑙河边看见了二十六座两侧砌着庄严高墙的方塔。

宾客在客栈院子里畅饮的红宝石般的葡萄酒醇美无比，是由山坡上栽种的波尔多葡萄酿造的，而照料这些葡萄园的是一些法国专家。这些葡萄种植者也是艺术家，因为他们使人们能够把这些琼浆玉液，这些天堂的美妙享乐装进肚子。确实，这话扯远了，走了点题。不过，只有畜生才总是径直往前走，从不改变方向！对于那两个新人的结合，人们并没有演奏红磨坊的音乐祝贺。妙哇！——可是在我看来，他们身边簇拥的人（亲戚朋友），不论生气也罢，冒失也罢，都会觉得自己在这个场合无用。他们用杯中的琼浆玉液来抖掉自己的不适。他们希望自己在一个称得上节日的日子里快活。或者，他们陷入一种让人放心的麻木。我也饮用了杯中的内戈蒂纳红酒。依稀恍惚之中，我觉得在这个茨冈人用百年老歌，吟唱自己的种族，追忆众多先人的院子里，一种心理上的正剧把这六人——两个新人、双方父母串接在一起。茨冈人扯起嗓音，用装载着思想的低沉歌声祝贺两位新人。他们的音乐在闷闷不乐的人面前掘开了一条沟堑。这些人是因为可笑的习俗才来吃喜酒的。我真想打发这些讨厌家伙去见魔鬼！我真想看见双方父母缔下盟约，结成亲家，因为他们的子女长大成人，自立门户了。而那两个准备接受最后礼品的新人，我真想看见他们坐在一间洁白的四壁精光的房子里，默不作声，吃几口轻淡的菜肴，避开那不怀好意的敬酒。那里将响起广阔平原宣告万物永恒的单调旋律，和大河诉说永恒运动的涛声。一无装饰的洁白房间里将响彻雄浑的乐声，而种族的活力则会潜入敏感的心灵深处。当旋律线清晰地绘出来以后，我真想看到双方母亲一同流着喜悦和惜别的热泪，双方父亲则讲述往事，展望未来，一同走出院子。我真想这两个过去从未有过，今后也不会有如此幸福时刻的新人独自待在洁白的、四壁光洁的房间里！

奥古斯特总是拿起装着红酒的小瓶，自斟自饮。不过，说来也怪，他却不胜酒力，到晚上竟醉得病倒了！

布加勒斯特

（给一位妇人的信。有一天她曾告诉我，她敬佩罗马尼亚的王后卡尔曼·西尔娃[1]。）

夫人：

我记不起你这话是在什么地方，什么时候说的！不过我可以肯定的是，那会儿卡尔曼·西尔娃刚刚出版了一本有趣的书！而且《阿纳尔周刊》（Annales）还刊出了这位王后诗人的肖像。她那身简单的梳妆打扮，那头梳理得精精致致的灰发，那双笑盈盈的眼睛，把你深深地感动了。《阿纳尔周刊》大声赞叹：在这个朴实无华的相框后面，燃烧着一个多么敏锐的艺术家灵魂啊！

可是夫人，我现在却要来推翻你的偶像了，因为我亲眼看到了她居住的宫殿！你肯定会允许我说，不是吗？一个人住的地方，反映了他的整个灵魂，考虑到我只是凭亲眼所见的事实来做出评判，所以您读了此信之后，一定会原谅我的！

---

[1] 卡尔曼·西尔娃（Carmen Sylva, 1843—1916），罗马尼亚王后和诗人。

其实，您是知道格里柯的！确切地说，是知道多梅尼柯·黛奥托柯普罗（Domenihos Theotokopoulos）[1] 的。一个在三四年前复活的古人。奇迹发生在 1908 年的秋季沙龙。对艺术爱好者来说，这个回顾性的恢复名誉的展览，不啻一场狂欢。对那些固执地偏爱牟里洛 [2]、苏巴朗 [3] 和委拉斯凯兹等人的艺术史家来说，格里柯只是编年史上一个甚至不见提及的事件。在大师（主子）面前，上面提到的这些仆人大胆无礼地高昂了三百年头颅。然而，塞尚已经过世了！塞尚曾是最喜爱格里柯的人之一，也是把这位艺坛先驱三百年前在画布上体现的现代风格完全学到手的人。确实，19 世纪下半叶，那些大型绘画沙龙每年都对天才的塞尚紧闭大门。对这个正直的艺术家来说，也许至死都会遭到公众的嘲笑……然而，他却是一个圣所的伟大教士。在那个圣所，信徒都是出自库尔贝和马奈之门。

天哪！在此事上面，巴黎民众的所作所为和别处一样！他们常常表现得非常通情达理，支持平庸，本能地厌恶新的努力。如果要放逐那些在普遍的忘恩负义中重新点燃艺术之火的诗人、画家、雕塑家和音乐家，巴黎民众也会欣然拥护！罗曼·罗兰写了整整一本书，揭示巴黎的力量，引导民众"回家"。然而，在住所前面，

---

[1] 格里柯的希腊原名。——编注

[2] 牟里洛（Bartolomé Esteban Murillo, 1617—1682），17 世纪西班牙最受欢迎的巴洛克宗教画家。

[3] 苏巴朗（Francisco de Zurbaran, 1598—1664），西班牙画家，创作以宗教画为主。

在时髦的林荫大道上，巴黎的民众大力捧吹他们的英雄，去两个官方沙龙欣赏绘画艺术以附庸风雅。每年有一万幅绘画新作刺激着他们的好奇心，而它们大多是平庸之作。可笑的是，在秋季沙龙、独立宫——从前惊心动魄的战场——民众简直如置身于马戏团般哈哈大笑。他们笑……因为他们相信难以忍受的愚蠢的东西却被他们的儿女们当成崇拜对象！

……夫人，您也明白，我之所以有些多余地叙说这一切，是想表明，我对卡尔曼·西尔娃杰出的鉴赏能力是多么信赖，因为我一跨过她的宫殿门槛，就发现有八幅格里柯的油画挂在她寝宫与音乐厅的墙壁上。

我不想描述这些油画来使您厌烦，但是我试着跟您谈谈它们的背景，免得跑题。背景颜色好似出自塞尚之手，布局生动，画风怪异，形式和大片颜料让人感到困惑，体现出一种古希腊血统过滤过的卓越的西班牙贵族趣味和天主教神秘主义对狂热肉体的强烈喜好。此外，画面展示的是天主教徒菲利普[1]的时代，画面的背景，是托莱德城（Tolède）[2]和埃斯柯里亚王宫（I'Escorial）[3]。要没有那个时代和那些建筑，我们绝对想不到这是格里柯的作品。

---

[1] 揣指西班牙国王菲利普二世，（1527—1598），他执政的时期是西班牙历史上最强盛的时代。

[2] 西班牙中部城市，由罗马人建立，后来又做为西哥特王国的首都。西班牙光复运动之后的十六世纪，格里柯来到这里生活并绘画，直至去世。格里柯笔下的托莱德是欧洲最美的景致之一。——编注

[3] 位于马德里西北部山麓，菲利普二世于十六世纪在此修建了王宫、修道院建筑群，做为他统治庞大帝国的中枢。里面有不少格里柯的作品。——编注

那个时代已经成为过去，但是托莱德城还在。红色的冰碛，那里的房屋就是用冰碛的碎石建造的。一块巨石竖立在棕红色的高原上，高原周围是青黛或者柴灰色的高山。从巨石半腰落下一道瀑布。屋墙脚下一个深谷，掀起一道无光的波澜。一片沉重的天空，把它天青色的板块放在这片干旱的土地上。那块土地粗糙，就像烧制的瓦器，火力再猛一点，没准就会烧爆。不过粗糙的外表下面，冷漠神秘的白色小教堂给格里柯提供避难所的屋墙却是平滑的，而且粉刷了石灰。它们雪白、冷淡、没有修饰，对这种红艳的绘画，是必要的庄重的中性色调。我们登上卡尔曼·西尔娃宫殿的正梯，几乎不敢相信眼前的景象。真是太丑了。我们要找格里柯的作品，进了不知多少厅堂，左翻右捡，才终于找出来了。

我们本该见到八幅格里柯的作品，可是有四幅在王后的夏宫西娜依亚（Sinaia）。我们经过的房间都是狭长的，里面的情形一团糟。从地板到天花板，堆了无数小摆设，都是些供人一乐的恶俗东西。我们无法相信自己的眼睛。仆人告诉我们，这里那里，不过总是在黑糊糊的破败角落里，有一幅圣乔治的像，一幅耶稣诞生图，一幅圣母成婚图。奥古斯特就是为了后面这幅画，才做这次旅行的。在一些显眼的地方，扔着许多面包皮，脏兮兮的不堪入目。在一些家具上，贴着一些相片，就像巴黎我的门房家里。太太，为了让您相信，圣母成婚图所在的房间是多么脏乱，我特地做了记录。

房间宽三米，深六米，有一半高出一级台阶，用木柱拉着帘子隔开。油画就挂在帘子后面，而不是挂在光线明亮的墙壁上。那里有一幅同样大小，描绘普法战争的油画，画面上有炮火硝烟、死人和尖顶战盔。法国军队被打得落败而逃！这幅画挂在那里就比较合适。两幅油画相距一米左右。房间里安了一圈搁板，上面放着六十来个木头雕刻的有着各种装备的士兵。在格里柯这幅画对面，有一个很大的木制……壁炉，纯粹是做样子的。王后的一尊大理石胸像就放在这幅画前面，并且稍稍遮住了这幅画。几张桌子上，放着一本历书，以及大堆装在皮框或绒毛框里的照片。再过去，是一个伸出来的托架，上面放有陶器和一些可恶的玻璃饰件，路易十五时代的贝壳图案在上面复活成了野兽假面图案。接下来，紧挨着这个托架，是瓦拉几亚（Valachie）[1] 地区宫内藏有大量格里柯的作品。出品的几个精美农妇陶像。您还可以想象，被一些笨重的假木托座撑起的天花板，再跟我们算一算，在这个三米宽十米深 [2]、分成两级的空间里，有多少家具：七张餐桌、一张独脚小圆桌、一个大谱架、三口大箱子、七把扶手椅。我们特别观察了扶手椅，它们从椅背到椅脚，都包着红色的绒布。布边的流苏和缨子说明，主人的生活是多么优裕。

王后是个艺术资助人，从欧洲引进了两个年轻音乐家。这两个被她保护的人在王宫的音乐厅里演奏，就像在一个庙堂里演奏。

---

[1] 巴尔干古国名，位于今天罗马尼亚中南部，濒临多瑙河。

[2] 原文如此。

可是我要向您发誓，音乐厅的情形最糟，糟到令人无法置信！……
挂在这里的第四幅格里柯的油画……竟然是假的！

夫人，我为什么不再相信《阿纳尔周刊》，不再相信卡尔曼·西
尔娃，原因就在这里！再说，这个女人出身于德国一个过于富足
的家庭，在我看来，她没有艺术情趣。她丈夫和她的宫殿成了布
加勒斯特滚烫的街面上的怪物，因为它们说明了那么多事情。它
们有力地说明了肉体的霸权，一种不可避免的肉欲压在它们身上。
布加勒斯特充满了巴黎的风情，甚至比巴黎还要巴黎。女人们在
强烈的光亮下梳头，她们模样姣好，很会打扮，衣着华美。我们
觉得她们并不陌生，但是单单她们的衣服就造成了接近的屏障：
她们从跑马场回来，坐着马车，一辆接一辆驶过长长的维多利亚
大道。她们懒洋洋地倒在座位上，穿着豪华却不显摆的巴黎服装，
戴着黑色、灰色或者蓝色的飘着一根长羽毛的大帽子——或者用
一顶无边小帽压着蓬松的头发，眼圈上描了眼影，嘴上抹了口红，
衣服合身，体态优雅。这一切都促使我们想去辨认她们，对她们油
然生出钦慕之情……我们怀着同样的忧伤想起了时髦巴黎的诱人
情景。人们不可避免地觉得，此地的一切都促使男人生出对女人
的崇拜；显然，女人，仅仅是女人，由于美丽，而成了此城的偶像、
大神。

夫人，如果我仍然张着嘴巴，没有回过神来，您千万不要嘲

51

笑我。此外，这里到处洋溢着百合花的香气，躲都躲不了——茨冈女人在兜售百合花。这又是一些漂亮女人！她们一头黑发，皮肤金黄，秋波流转，似乎在说销魂话。两只手从式样简约、颜色浅淡的衣服里伸出来，指甲上涂了油，被牙黄的百合一衬托，显得分外红艳。在我们看来，茨冈女人成了一个象征，成了这座曾让我们苦恼的城市唯一可能的表达。

无数车马在街道上奔驰。车夫们都像去势的男人，身体丰肥，声音尖细，赶着他们兴奋而急躁的高头大马，穿过一条条拥挤的"小巷"。他们穿着深蓝色的天鹅绒长袍，几乎都站着驾车。而千百匹马踏过坚硬的街面，蹄声得得，汇成一曲雄浑的音乐，或者一种几乎彻夜不息的节奏。这座城市植满绿树，幅员广阔，却总是给人一个感觉，似乎这是个"小主子"的街区，四周都被封闭起来了。关于此城，有什么要告诉您呢？城里的楼房都不高，一般不超过三层。街道不长，很快就到头了。建筑学和本地的生活一样，都没什么价值：到处都是巴黎美术学院的毕业生，因为只有从巴黎毕业的建筑师才在此地找得到工作。建筑物虽然平庸，但由于出自同一些人之手，整齐划一，倒也看得过去，因此，布加勒斯特就没有德国城市那种杂乱与丑陋。我们并不留意那些熟识的轮廓，也不注意上面那些熟记在心的花叶边饰图形。我们让双眼完全自由，尽情享用一路而过的风景；而布加勒斯特整个星期都处在节日的欢乐之中。

这个让严肃心灵遭受折磨的城市，如果能用口无遮拦的画室艺徒那种语言，夫人，我可以用三行文字来给您形容它的灵魂，让您看到它的色彩与斑点。在一家著名咖啡店的露天座上，我们认识了一些罗马尼亚的画家与作家。既然我们是法国人，也就受到了非常友好的接待。这些画家是"罗马尼亚青年"——也是个迄今为止一直闹分裂的组织——的成员。他们热情地向我们介绍他们的民族艺术，我们很喜欢他们，听到他们谈论的民间刺绣与陶艺，我们都深感震撼。

接下来，我们独自去圆顶大厦，观看这些年轻人用革命性作品对墨守成规的顽固派发出的挑战。唉，这些傻伙计，他们竟听任自己被欧洲谋害了。整面整面墙上挂的都是慕尼黑学院派风格的作品，而一些墙壁上则挂满了来自巴黎伏尔泰沿河马路的死气沉沉的东西，我们不得不耐着性子观看。这些年轻人在叛逆之前，有幸出生在多博里查（Doboritza）河边，在繁华的街区娱乐嬉戏，欢蹦乐跳。当他们手持疯狂的调色板，站在一块画布前想说"我"的时候，他们忘记了肉体的伤口，和对拜占庭放荡生活的渴望。他们的心尚未被茨冈美人兜售的百合花的淫邪气味淹没！他们的画布是一些"蹩脚货"（请允许我使用这个富人的词语）。为什么他们不画些"蹩脚货"？不用一种也许属于茨冈的造型艺术，一种难看的色彩来画"蹩脚货"？那种色彩，也许是用肮脏的绿色盖住柠檬黄，调出的腐败的紫色；是用百合花的纯白和指甲盖的鲜红衬在下面发出的尖锐呐喊；是将专横的浓黑突然加入其中，侵入并"感染"上述昏乱的颜色组合。那种色彩里也掺入了无与伦比的粉红；原始的健康的民族都喜欢粉红，并且大加使用，因为那是肌肉的真正颜色。这种画法，一如茨冈女人勉强的微笑，将由她们单纯的肉体来标出节奏。而看到那种画，我们也许就知道，那边的气候是那样炎热，城市的诱惑是那么强烈，动脉几乎都被冲断，脑浆恐怕也会飞溅，而夜里人们则无法安眠！

大特尔诺沃 [1]

在保加利亚一路旅行，就像在一座花园里漫步。大路两边的野地里，五颜六色的鲜花竞相绽放，其中有蜀葵、黄毛茛、天蓝色的大麻花、菊苣、虞美人、轮锋菊。一丛丛大蓟在白色的花坛和开花的草丛里染出了一片片酒红。麦浪从遥远的天边一直涌到路边。远处，栽种着成片的果树，果树直是直，横是横，规规矩矩，一丝不乱。黄色的湖面上，几丝和风拂过，卷起阵阵微澜。可是当火车开上高原时，一切就变得沉凝起来。

城市就坐落在一座巨大的石山上。房屋鳞次栉比，杂乱地挤在一起，纵横的街巷镶嵌其中。夕阳西下，我登上这座石山。清风徐来。在一些宽阔的沙洲上，一些由层积岩构成的山冈突然拔地而起，封住了与多瑙河形成九十度直角的高地。我们早上坐火车经过了那片高地。一道深深的沟堑，几乎算得上一条峡谷，从两边层积岩的崖壁间通过，给一线浑黄的水流提供通道。这个干燥的高地植物较少，此刻只有洋甘菊开了花，散发出阵阵清香。右边

---

[1] Tirnovo，保加利亚北部的古城。

的岩脚朝着平原敞开。我们从此处向平原眺望，太阳正好落山，给远处广阔的地平线投上一片血红的残晖；多瑙河大概就在那个方向。另一个方向，巴尔干山脉群峰逶迤，在这个蓝得可爱的时辰层层叠叠，步步升高。远处最高的山岭上，显现出一道含钴的矿脉。什普卡（Schipka）就在那里蜿蜒而上，那是土耳其的国门。过几天，我们就要骑马跨过它的门槛。我在山坡上躺下来。山脚，黄色的江流随心所欲地绕出一个遒劲有力的"8"字，把城市圈在里面。这里，耸起的波浪堆起了一个个沙洲；那里，河水受到挤压，变得湍急，又猛烈地催拥着波浪。一群群壮牛潜到水里嬉戏。牛浑身长着灰毛，腹部的毛色要淡得多，差不多成了白的，而背脊却是黑的，从上而下渐次淡下来，最终与腹部融为一色。它们的眼睛温顺、良善，和羚羊眼一样漂亮，而牛角则给它们罩上几分威严，就像在埃及的浅浮雕上一样。中午，我们看见上百头黑糊糊的水牛睡在河边的浅滩上，身子浸在泥水里，让我们看到了未曾料到的一幕。它们的头始终不偏不斜地抬着，忧愁的额头下，白色的眼睛似乎滚过一道道伤心的想法。它们体形硕大，毛色打眼，像变质的墨水一样暗沉，像服丧期妇女戴的面纱一样浓黑。看着它们顶着犄角，摆着流涎的嘴脸迎面走来，你会感到恐惧。15世纪的画家在西耶纳学院的著名板壁上，把这些可悲的畜生画成牵引死神、虚荣之神和堕落之神的大车的挽畜，他们这样做的道理，我现在明白了。现在我们来看那些涂鸦之作，仍然感到惊骇。我们原来以为那纯粹是画家受到启示而生出的想象。

在峡谷底部，牧人们驱赶着为溽暑所苦的水牛下水降温。透过那个山崖的门洞，我最后一次扫视着被欧洲的夜色完全笼罩的地平线。然后，我顺着来路走下山坡。坡道边，依着山势，从上而下，逐级搭建着一幢幢房屋。

这座城市是多么不同凡响！虽然它远离交通线，从未有人谈起，可是中世纪保加利亚的历代君王却都把行宫建在此地。奥古斯特说它的峥嵘壮美比得上西班牙的阿维拉（Avila）[1]。大特尔诺沃绝不是一个村镇。城内有数千幢房屋，都是依着笔陡的峭崖，层层叠叠，拾级而上，一直建到山顶的。看起来，整座山就像是城堡的一座碉楼。墙壁是白色的，屋架是黑色的，屋瓦一层压一层，像是鳞状的树皮，远远看去，就像是层层相叠的地质层。有几块大一点的白色，标明教堂的位置，当然那不是拜占庭式的正教教堂，而是巴伐利亚和蒂罗尔(Tgrolien)[2]那种美轮美奂的巴洛克式建筑。我们在大特尔诺沃的街道上久久地流连，把那些绝色美景看了一遍又一遍，还是不忍离去，其原因就是街道上十分洁净。有些村镇，街上垃圾乱扔，屋顶甚至溅上了烂泥，于是有些画家就大发伤感，慈悲心得到了满足。我对那样的村镇也不厌恶。但是这种肮脏表

---

[1]　阿维拉，西班牙卡斯蒂里亚山区的城市，有 88 座塔楼的城墙保持了中世纪风貌，这里是十六世纪著名圣徒"圣特蕾莎"的家乡，有"圣徒城"的美誉。——编注

[2]　蒂罗尔，奥地利西部地区。

现出恶劣的生活带来对环境的忽视，我们可以肯定，住在这种环境里的绝对是穷人，而且绝不会培育出什么艺术。只要血液年轻，精神健康，正常的感觉就会肯定人生的各种权利。男人不必干那么多活儿了，就会寻求舒适与享乐。他们精心布置房子，我们也许会觉得他们太精心了。他们用鲜花来装饰房子，希望家里清洁、安乐、舒适。他们的衣服上面要绣花，那艳丽的色彩证明他们的日子过得快活。他们的餐具器皿都刻了花，做得有款有型，精精致致，很是艺术。客厅精心保养的地板上，铺着女人按百年传统手工织造的地毯。每年春天，人们都喜欢给房子罩上一层新装——房屋被刷得白亮亮的，整个夏天都透过花草树木朝外面微笑。那些鲜花之所以光彩夺目，都因得益于房子的衬托。

在大特尔诺沃，房间四壁被石灰粉得雪白，看上去是那么美，给我留下了深刻的印象。去年，在巴伐利亚境内阿尔卑斯山的密堂瓦尔德村（Mittenwald），我已经惊讶过一次了，因为那里农民的房间都被粉刷成白色，人与物都用这种颜色来表现自己的装饰能力。塞尔维亚、罗马尼亚、保加利亚、君士坦丁堡和我刚去过的圣山（Athos）[1] 进一步加深了我这个印象。在大特尔诺沃，复活节和圣诞节之前，人们总要把家里的每个房间粉刷一新，这样一来，每幢房屋就总是崭新明亮的了。

每幢房子都有一间正房；一眼宽度超过高度的大窗户，装着

---

[1] 圣山，在希腊境内。从 10 世纪起，东正教在山上修建了圣母教堂和多家修道院。盛时有四千多名僧众。

隔成小方格的玻璃，朝花园打开。并且，由于此城独特的地理位置，每眼窗户都可以看到一角陡峭的山峰，和一线浑黄的急流。房间不大，窗户占了一面墙，而且总是附带一个露台，悬垂在密密匝匝的屋群之上。露台是木头做的，工艺精细，支柱的外形让人想起伊斯兰家庭里精美的壁龛。在这个迷人的狭小空间，男人们缩在沙发上，从从容容地抽着水烟。他们的神态，就像是一幅波斯油画，装在摩尔人的框子里。花园是围起来的，大小不会超过一间卧室，一个葡萄棚就把它盖住了；花园门是粉红与翠绿相间的颜色。花园里种着玫瑰、郁金香，以及许多发出暗香的百合、康乃馨和风信子。凡是尚未被花草侵占的地方，地面上就铺着白色的石板。我曾说过，这里的屋墙刷得雪白，有时也刷成蓝色，蓝湛湛的，就像最深最深的大海。[1]

城里有一些小教堂，门前都建有淡蓝色的门廊。向晚时分，我们走进其中一间参观。在圣像屏上，供着二十九位圣人的雕像。它们被嵌在也许是由一个印度人或者中国人雕出来的黄金圣龛里，因为金光灿烂的天空和各自头顶的光轮而通体发亮。它们是用最精美的工艺雕塑的，更接近意大利的，而不是拜占庭的风格。它们身上，既看得出契马布埃[2]的影响，也有杜乔[3]的风格。在如此

---

[1] 后来，我获悉，居民们每逢重大节日用石灰水刷墙，是出于一种宗教习惯。一种有益于治安与市容的宗教。把门窗漆成蓝色可以驱逐蚊蝇。——作者注

[2] 契马布埃 (Giovanni Cimabue，1240—1302)，意大利画家，据瓦萨利说"契马布埃几乎就是文艺复兴绘画的原动因。"但丁也视其为乔托之前最伟大的画家。——编注

[3] 杜乔 (Duccio di Buoninsegna，1260—1319)，意大利画家，锡耶纳画派创始人。——编注

静谧的时分，在圣所的庄严肃穆之中，面对这样一组群雕，我们只觉得自己被深深地感动了。此时此刻我的感受，与从前多次身临卢浮宫小画廊的感受一样，心醉神迷。在那条小画廊里，摆放着意大利的早期作品，其中最重要的作品就是圣母像。还有圣方济各的画像，他因为对鸟类和林中小动物宣讲福音而遭受烙刑，变得神思恍惚。

　　第二天我们过得非常快乐。在一个村庄里，在血红色的什普卡山脚下，我们从一个贫穷的教士手上买下了几幅古老的圣像。在那些画上，圣像背后的光轮在火红的天幕上闪射着金光。接下来，巴尔干山脉却让我们失望，因为它的森林仍然是蓝茵茵绿苍苍的，根本不是我们所愿的那样。我们本希望它是血红色的，像饱吸鲜血的大地一样猩红。总之要让一场土匪的攻击具有几分艺术特色，该怎样红就要怎样红。唉！说起土匪，更是让人泄气，我们连土匪影子也没有看见！夜里，我们牵着坐骑，跌跌撞撞地走下崎岖的山路，进了唯一的客栈。那里，一些脏兮兮的汉子，早就把几张通铺睡满了。由于这些偏僻路段从没有来过外国人，客栈老板非常为难地接待了我们。说实话，也没有为难多久，人家也不讲客套，马上就把我们推进一间客房。里面只摆了两张床，两个打开的草捆子，上面盖一床黏糊糊的毯子。早就有几十只臭虫在毯子上饿得直叫唤呢。在床上睡了两个钟头，刚把那些臭虫喂饱，狗就在远处吠起来了。我睡不着，索性翻身起来，从窗口跳出去，跑到山上，在一株树下停下来，靠着树干……就在巴尔干的大山里死沉沉地睡了一觉！母亲要是知道这一夜我是这样过来的，该会怎样数落我呀！

我是在一座荒岛[1]写这封信的。愚蠢的检疫隔离把我们钉在这里，与一些倒霉的伙伴同住若干日子。我已经麻木到这个地步，不再计算在把我们送来此地的轮船甲板上，或者在这座荒岛的沙滩上露天度过的夜晚。若干公里之外，就是我尚未游览的帕特农神庙。虽然太阳和煦地抚摸着那边神庙可爱的大理石，却把这边的沙滩烤得滚烫！

---

[1] 指雅典以西萨拉米斯湾的圣乔治岛，作者曾经在该岛被隔离检疫四天。——编注

在土耳其的土地上

从卡赞勒克（Kasanlik）到旧扎戈拉（Stara-Zagora）这一段[1]，我们乘坐驿车旅行。在卡赞勒克，玫瑰谷早在半月前就开始采摘，今年的芳香宝藏注定是丰收。我们夜里三点就起床，六个人，都困得要死，为了取暖挤在一辆肮脏的敞篷小马车里。三匹马像魔鬼一样狂跑，在一条破路上把我们颠来簸去。路况糟透了，常常有些路段就变成了湍流的河床。

一路上，我们超过了一些迁徙的土耳其茨冈人。那些人中间，男的身材高大，包着头帕，穿着花花绿绿的衬衣；女的则罩着靛蓝色面纱，上面用紫红丝线绣了花。茨冈小姑娘模样姣美，年纪一大，很快憔悴，姿色就差得多了。他们都穿着裙裤，非常漂亮的裙裤，既简单，又美观。小男孩几乎光着身子，自然是叫叫嚷嚷地闹个不停。他们所有人都是徒步。几头驴子驮着一些硕大的包袱。高原尽头，巴尔干山脉呈现出一抹紫黛色。今日太阳尚未出山。狭窄的道路上，不时走过一位骑着小毛驴的土耳其老人。驴子是

---

[1] 卡赞勒克、旧扎戈拉，皆为保加利亚地名。

那样瘦小，以至于裹着头帕的老人看上去像一座大山压在上面。他的两腿离地只有十五厘米，颠来颠去，一分钟要晃荡六十多下，驴子一直在小跑，低着头，似乎想顶撞什么东西。那畜生是好样儿的，乖巧温驯，认真负责！而土耳其老头也看上去让人顿生好感。

　　前方有一个公墓。我这是头一次见到土耳其人的墓地，它坐落在一个小城边缘。我们在该城观光时，每进一个花园，主人都会拿出玫瑰花酱来招待。末了，主人会微笑着送我们出来，并在我们身上洒几滴玫瑰香水——这可是玫瑰谷的玫瑰香水啊！在这些狭小的园子里，都有一座大理石的喷泉，泉水从中汩汩而出；地面完全被鲜花覆盖了，花畦边缘，栽着经过修剪的黄杨；中间有一个果实累累的葡萄棚，棚下面是铺着白沙的小径。房屋的墙壁都被刷成了耀眼的白色，有时人们也用天青色的石灰刷墙。墓地连接着小城与平原，成为一个梦想之门。一块块高大的墓石上长着一丛丛飞帘草，就像是史前的糙石巨柱。不过也有许多矮小的墓碑，它们排列混乱，参差不齐，未经修凿打磨，上面既无死者的事迹介绍，也无墓志铭，更无死者的生卒年表，仅仅是一块岩石，放倒，埋进泥土而已。在这个广阔的高原上，生长着一些高大的植物，给人以垂直生长的印象，花是柠檬黄的颜色。这片土地上坚石嶙峋，长满耐旱的蓝色飞帘草，放眼望去，灰蒙蒙的一片上面点着星星蓝色，而柠檬黄就是这两种颜色之外的唯一亮色。一群群绵羊、一头头黄牛闯进这座宁静的死人之城，啃食着蔓生进来的牧草。

铁路做不到准时抵达。不过奥古斯特注意到，我们还是到了阿德里安堡。这可是在晚点十七个钟头之后啊！唉，暴雨忽至，山洪暴发，而站长的人影都看不见！在车厢门口，"土匪"终于出现了。他们爬进车厢。于是我们这节十个位子的小包厢挤坐了十二个男人！这些像德康[1]笔下的"土匪"可是正儿八经的庄稼汉。他们看见一江汹涌的黄水卷走成千上万捆金黄的麦秸，都难过得直摇脑袋。包厢里散发出浓烈的大蒜味，让人受不了。有人曾送我一点玫瑰香水，我把它拿出来抹在鼻孔上。奥古斯特听我抱怨，一边吸烟斗，一边劝我忍着。然而他在劝我的同时，自己也受不了，要不停地吧唧吧唧。

这番情景很有可能进入德康的画中。这老好人会准确地传达出气氛：暴雨欲来，层云压地，天空一片黑暗，只见山峰拔地而起，刺破云团，在天地间抹上几道乌赭色，树木间阴影加深，交织成一片凝重的青紫。这是可用来表现两军激战的背景。一群群毛色发灰的黄牛和水牛从容地享受着这场不期而至的沐浴。从昨晚开始，挣脱了锁链的梅里查河就给它们送来了这份大礼。水牛在黄水里打滚，颈子以下淹没了，只见一颗昂起的颜色变深的头在反刍。

下午，在骄阳的强光下，阿德里安堡出现了。这个城市就像被广阔的高原托起，浓缩成一座辉煌的圆顶。一些清真寺的尖塔

---

[1] 亚历山大·加布里埃尔·德康（Alexandre—Gabriel Decamps, 1803—1860），法国画家，常以近东题材作画。

精致秀丽，远远望去，纤细得像沼泽中的马尾，点缀在这群建筑物中，引得它们整体向上，更显壮观。三座宏伟的清真寺，从低到高，使得城市景色更加壮丽多彩。这是萨利姆苏丹[1]给本城打造的巍峨的三重冠。土耳其的旧都仍然充满华贵之气。一些善良的土耳其老人还恪守着纯粹的东方传统，在我们看来，他们是真正的圣贤。他们都喜爱我们，亲切地向我们致礼，友好地注视我们。在咖啡馆——当然是土耳其式的咖啡馆——老板本来蹲在一个沙发上，见到我们赶忙起身，从火炉里夹出烧得通红的炭块，为我们点烟。我们在街边一个葡萄棚下面坐好。一些好奇的土耳其人来了兴趣，围着我们站了一大圈。有个糕点铺老板给我们送来点心，并且不要我们付钱。我不小心碰翻打碎了两个玻璃水杯，掏钱赔偿，老板连连摆手，执意不收。从开得大大的窗户望进屋，只见老板蹲在一张长沙发上，吸着水烟筒，一脸微笑，说着谢谢、你好，甚至都不打算收取咖啡钱。

我们把眼睛睁得大大的，看着千变万化的街景。在我们对面，有个好老头坐在屋前一张席子上，面前摆着两盆老鹳草。他的头顶剃得光光的，就像一个剃顶的教士，只不过他的头发剃到了前额。土耳其人夏天就剃这种发型。怪事，这种发型竟能流行。

有个男子拿个大喷壶走近老人，双膝一弯跪下来，像是行礼，脑袋伸到两盆老鹳草之间。老头子拿起喷壶往他头上淋水，清水源源不断地从大喷壶里流下来。男子快活地大叫，还不时地伸手

---

[1] Sultan Selim，奥斯曼帝国有三位苏丹叫此名，他们分别在1512—1520，1566—1574，1789—1807年在位。此处指1566—1574年在位的苏丹。——编注

指着头顶，直说痛快。末了，男子站起身，又蹲下来，双手抱膝，在老鹳草后面等待天黑转凉。我们所在的街道通往萨利姆苏丹清真寺，两边开有无数咖啡屋（满满一小杯，只要一个铜钱！）。街面上葡萄棚不断，一溜搭上去，给人以快乐与阴凉。你们还可以想象，地面上不时冒出一座牙黄色的大理石喷泉，或者清真寺尖塔，在一碧如洗的蓝天下闪耀着白光。一些小毛驴驮着重负，样子滑稽地在街道上来来往往。说滑稽，是因为这些小畜生干起活来非常认真，从不偷奸耍滑，而它们的主人，一些无精打采的小老头，就拼命给它们压载，不是给这头毛驴背上放上一捆胡乱捆着的、散散索索一直拖到地上的、带着草场清香的新鲜草料，就是给那头小毛驴背上压上两只装满西红柿、洋葱和大蒜的大筐子，货物与畜生体积太不成比例。草捆、驴子、老头、草料或西红柿，整套人货占了那么宽的空间，常常把整条街都堵住了。老巴扎的门廊下，那个给人熨烫衣服的伙计肯定是害怕被挤撞，才在一个吊离地面的巨大衣橱里做生意。不过那衣柜门已经换成玻璃的了，伙计坐在他非同一般的"店铺"里，既可防止毛驴碰撞，又可抵挡……风寒！在卡赞勒克，有一个伙计找了个非常舒适的所在来做他的硝皮子生意，那是一个狗窝。他也在狗窝里安上了玻璃门窗。那老伙计是个驼子，秃了顶，戴副大眼镜。他把狗窝摆在市场正中，左右两边、对面，都是卖蒜球串、洋葱和韭菜的小贩。

　　我们在一家土菜馆吃饭。只有土耳其人光顾此店。他们身着宽大的黑袍，扎着白的或绿的头帕，表情严肃，步态从容地走进店里，扳过大理石水罐，擦香皂洗了手，漱了口，这时老板就起身离开火炉，过来递上布巾擦手。客人们围着锅子走一圈，点了菜，然后庄严地坐下，也不说话。这个只摆了五张四人小桌的店堂里十分安静，但是气氛并不沉重。我们感觉像是出席一场非常高雅的聚会。

　　饭馆临街的一面全是窗户，炉子就安在这一边，一眼眼窗户都打开了，听任香气逸出去，因此，整条街道都在传颂这家小饭馆的名声。火炉旁边，是一块厚实的大理石，充作案板，上面放着各种食品：西红柿、黄瓜、芸豆、甜瓜、西瓜，总之都是土耳其人喜欢的各种瓜果。堂倌先给我们送上一份面糊汤，汤汁很稠，附了几片柠檬；接着上了塞有肉馅的小南瓜，和煮得半开，再用油炒的大米饭。他们的菜单上总会有果汁，如樱桃汁、香梨汁、苹果汁或葡萄汁，是用汤匙饮用的。葡萄酒是被穆罕默德排斥的。旧制度下的土耳其贵族吃饭时，只用指头掰面包往嘴里送，由此显得十分高贵。吃饭期间，一个头戴土耳其帽，腰上束羊毛带，显得敦敦实实的小伙计，在客人间走来走去，挥舞着一根长棍，棍头有一大把扎在一起的白须。他的举动在客人中间引起骚动。就在客人们感到诧异，议论纷纷的时候，成千上万只苍蝇逃走了……

不过，苍蝇们惊魂甫定，很快就清醒过来，于是收拾残部，卷土重来，又开始它们讨厌的盘旋。

在踏上拜占庭[1]的土地之前，我有机会在罗多斯托（Rodosto）[2]观光游览，品尝美味。这是一个风光绮丽的小港，坐落在马尔马拉（Marmara）海边的斜坡上。市内建筑充满土耳其色调，不过是新制度下的土耳其。

在一个偶然的场合，我认识了一些罗多斯托商人。他们请我去家里吃饭，我就在他们的花园里与他们消磨了一个晚上。这些先生的一个得意之作，就是让人从黑糊糊的大树上吊下一盏白炽的煤气灯，灯的大小与勃兰登堡波茨坦广场的弧光灯相当。"八百支光啊！"有人叫了一声，并把灯点亮！这盏灯就挂在我们头顶，高出桌子一米的地方。我们就在灯下谈论进步、新的建设、文明。

最后谈起了音乐。于是这些永远和蔼可亲的先生进屋去拿乐器——一把曼陀林和一把吉他。一个年轻仆人把乐谱拿来，放在桌上。接下来，他们问我是喜欢严肃音乐，还是轻佻点的音乐，是来一曲华尔兹，还是一曲牧歌。由于我没法明确回答，只好含糊地说，什么音乐都喜欢。他们似乎有些不快，在花了一个多钟头调弦和翻阅无数乐谱之后，终于为我奏了一首两分钟的乐段。那是表现军队归营的曲子，也就是说，一开始响起了军号，接着敲起了军鼓。军鼓声渐渐弱下去，消失在远处！

---

[1] 拜占庭，君士坦丁堡的古称。

[2] 土耳其城市泰基尔达（Tekirdağ）的旧称。——编注

接下来，他们要带我去"俱乐部"——"克拉伯"，这个"拉"音发得很短（请发"克勒伯"音）。这是临海一个很美丽的阁台。淡蓝的月华普照着夜雾氤氲的平原……从俱乐部打开的灯火通明的窗户里，传出高亢嘹亮、得意洋洋的铜管乐。我们拾级而上。这是一支由商界职员组成的铜管乐队，在宪政时代就成立了。老老少少们满怀热情，着了魔似的吹着木管或者铜管，这种情景真让人感动！于是信仰的翅膀挟着和美的旋律，不断地向上飞升。

墙上挂着一幅大油画，用古典的手法画着半裸的俄尔甫斯[1]坐在野外，轻轻地抚弄他的七弦琴。他脚下有一只雄鸡和一只喜鹊，还有一只母鸡；面前有两只山羊，森林里有一头狮子。整个画面显现出皮维斯·德·夏凡纳[2]的风格。花园里有一些古代的浮雕。它们常常很美，放置在那里，就像陈列在博物馆里一样。花园里还有一些公元3世纪的壮丽石棺，里面放着一瓶瓶柠檬汽水，以保持清凉……

在饭店，毛毯被单上，臭虫的污黑不费气力就占领了未经洗涤的被单的洁白。

---

[1] 俄尔甫斯，古希腊神祇，歌手，善弹竖琴。

[2] 皮维斯·德·夏凡纳（Puvis de Chavanne, 1824—1898），法国画家。

君士坦丁堡

佩拉（Péra）、斯坦布尔、斯库塔里（Scutari）[1]：一个三位一体的组合。我喜欢"三位一体"这个词，因为它有一层神圣的意义。

勃纳尔老爹和我，我们在艾纳利—契什梅公寓的阳台上慢慢地喝着乳香酒。老爹还没有吃晚饭，平常这顿饭他吃得晚。我呢，已经在斯坦布尔吃过了，又从桥上走了过来。从我们的阳台望出去，越过小田园（Petits Champs）[2]绵延而下的柏树林，看得见金角湾（La Corne d'Or）[3]。在那下面，斯坦布尔投下一道宽宽的影子，在苍茫的天幕上映出一座座高大清真寺的侧影。再望过去，就是大海。遇上有月亮的夜晚（我们遇上了两次），大海用一根亮线，沿着黑糊糊的小圆丘，把清真寺的尖塔串联在一起。

夜幕落下了。我稍稍有点走神，是我本人，还是我那个为一时心血来潮所裹挟的叙述者在做梦？勃纳尔老爹声音嘶哑，小舌

---

[1] 伊斯坦布尔城的三个区，其中佩拉、斯坦布尔是其欧洲部分，斯库塔里为其亚洲部分。

[2] 伊斯坦布尔佩拉中西部一个小区域，现在的地名是 Tepebaşi。——编注

[3] 位于伊斯坦布尔的欧洲部分，是一个海湾，形状像一只羊角，分隔开了佩拉和斯坦布尔。

音沉浊。他颦着两道浓浓的灰眉，两只黑色的大眼睛湿润了，闪着睛芒。梦里是一片金灿灿的黄色，到处流金溢彩。梦里有拜占庭所有宫殿的大理石雕塑，有苏丹的所有宝藏，有后宫的所有宝石！在哈那尔 (Khanal) 的查士丁尼[1]皇宫，通到水里的楼梯头上就有一尊维纳斯的实心金像和一尊刻瑞斯[2]的雕像。一些镀金的青铜大炮守伏在后宫所在海角的沙地上。还有她们，那些像仙女一样撩人的后宫嫔妃赤裸的脚踝上和蛇一样浑圆的手臂上戴的冠状饰物和硕大的实心金镯。她们金碧辉煌的牢笼就建在那插进大海、在斯坦布尔前面分开波浪的山冈顶上。她们穿金戴玉，指甲上涂着朱砂，长久待在牢笼里，烦闷地等待裁决。因为她们已经失宠，宫奴便把她们装入布袋，一直装到袋底，然后把她们"沉到"水里。最后品尝她们残余的香艳肉体的，是那些小鱼小虾。勃纳尔老爹断言，她们的首饰还在海底，作为她们悲惨命运的见证。一种大理石般清亮的音律从波浪里升起来，余音沿着海岸滑行，不断激起回响。到处开放着的无数百合花证实，由于那个永远照耀的太阳，大理石也都染成了金黄色。地面镶嵌着珠贝，在一片熠熠辉光之中，百合用自己袭人的芳香抚摸着光溜溜的斑岩、孔雀石、古老的翠石与碧玉地板。她——我不知道是谁，也许是某个叫狄奥多拉[3]的

---

[1] 查士丁尼 (482—565)，东罗马帝国皇帝。

[2] 刻瑞斯，罗马神话中的丰收女神。

[3] 狄奥多拉 (500—548)，罗马帝国皇后，查士丁尼皇帝之妻。

女人，其实是谁并不要紧，只要她有拉韦纳（Ravenne）[1] 的首饰，
只要她描着黑眼线的眼睛睁得大大的，几乎占据了整个面庞——
她在某间接待室里等待白昼的炽焰被月亮的清辉吸收。当她走到
楼梯边，探身张望下面拍击梯身的海浪时，她的首饰似乎骤然增
多了，宝石也发出冷漠的光辉，而得意洋洋的波涛则把宝石的冷
光反射到她脸上。阳光微笑地照耀着在柱廊上遐想的紫藤，而芳
香则俯下身体，随着波涛流走。天空就像圣像屏上金光四射的光
轮，而此时此刻的疯狂，却都因它而成了神圣。波涛按照一条优
雅的曲线，流到这里，成了"欧洲的甜水"。是啊，这并不是幻象：
拦蓄这些波涛的海岸挺出一个大肚子，就像一只巨大的装满果蔬、
象征丰收的羊角，准备将腹内之物倾倒给大海。对面山冈上，在
一座庙宇的阴影里，有一座浑身塑金、金光四射的菩萨，带着平
静的笑容。亚洲朝这边投来盈盈微笑……

　　不过这刺眼的黄色太强了。我生性固执，向勃纳尔老爹发誓，
斯坦布尔的美景绝不止这些。我希望金角湾上坐落着斯坦布尔；
希望斯坦布尔是白色的，像石灰一样白得耀眼，阳光在那里照得
嘎嘣作响；希望楼宇的圆顶膨胀着它那庞大的奶白色隆起，清真
寺的尖塔直刺云霄，而天空是一片碧蓝。如此，便可抵消那讨厌
的黄色、可恶的黄金所造成的印象。在明亮的阳光下，我希望看
到一座通体白色的城市，在普遍的白色之中应有苍翠的柏树点缀

---

[1] 拉韦纳，意大利亚德里亚海边的古城，曾是西罗马帝国的首都，后被拜占庭帝国统
治两个多世纪。城内教堂和纪念碑都装饰着美丽的马赛克，它的马赛克工艺被但丁在《神
曲》中称颂。是一座美奂美仑的"马赛克城"。——编注

其间，海的蓝色则回应着天的澄碧。

于是我们便以通常的方式，从海上来参观这些胜景。跑了这一圈，冒出这些古怪念头，我们在罗多斯托被臭虫咬，乘一条小船在海上颠簸十三个钟头也就值了。一如早些日子那些俄罗斯游客守候圣山显露真颜的时刻，我们也充满期待地挤在甲板上，争相目睹七座塔的出现。接下来，我们看见一些小清真寺，再下面，又是大的，还有拜占庭众多宫殿的废墟。最后，是圣索菲亚大教堂和土耳其苏丹的后宫。我们从热那亚人的社区俯临的佩拉街区和竖着一根根清真寺尖塔的斯坦布尔之间进入金角湾。佩拉街区与斯坦布尔面对面，各据着一个山冈。这几个风景胜地我早就知道，也是特意前来观光的，现在身临其境，非常感动。

阳光炽烈，烤得人出汗，照得大海变成灰蒙蒙的一片。金角湾本是滩涂泥泞，它的海岸线并不固定，就像沼泽一样，随着潮水的涨落而时有进退。一些难看的清真寺就像是一堵老墙那样脏，给密林丛中的木屋投下了一层阴影。我甚至没有见到斯库塔里，它就在我们身后，可是我忘记看了。

几个水手和苦力在大呼小叫，然后从他们剧烈颠簸的小艇跳到我们的小船上。船员以同样的小心，照看着我们像牲口一样下船。我们来到一条街道，只觉得困惑，因为在街上熙来攘往的，不是希腊人、德国人，就是法国人，可疑地混在一起的地中海东岸国家的人。街上有电车。天上下起了小雨。这一下就是四天，淅淅沥沥，一切都隐入蒙蒙灰色之中……在三个星期里，我都在等待，期望释去心头这份重负。我必须工作，尤其是我需要爱。

至于那个帝国时期非常淫荡的拜占庭，我以为我们是再也体验不到了。古城的砖石犹在，它的灵魂却离去了。

三个星期里，这些景点总是打扮得滑稽可笑，随心所欲地出现在约会之中。我觉得受了侮辱，很是反感。奥古斯特也是烦透了。我甚至不安地问自己，是不是傻到了家，在斯坦布尔、佩拉、斯库塔里，竟会感到愁闷？

我终于走上了我的大马士革之路[1]，我理解了这种伟大的统一，我日复一日地体验到三位一体的原则。我想，这三者是互不可缺的，因为它们的性格极不相同，但是它们相互补充，相辅相成。佩拉、斯坦布尔、斯库塔里，好一个三位一体！是啊，因为甜蜜的死亡在此到处都有其祭坛，它在同一种安详、同一份希望中联结着众人的心。不过有一片神秘的柏树林，把斯库塔里与另两个部分截然断开。柏树林里垒着成千上万座坟墓，上面覆盖着厚厚的苔藓。隔着博斯普鲁斯海峡，佩拉和斯坦布尔被留在对面欧洲的土地上。佩拉在一座山上，俯瞰着坐落在丘陵之上的斯坦布尔，觊觎之情昭然若揭。在它们之间，金角湾是一潭死水烂泥，样子丑陋，气味难闻。不过有两座桥把它们连接，一座几乎已经废置不用，另一座则摇摇

---

[1] 《圣经》记述：保罗在去大马士革的路上遇到了复活的耶稣，从此追随他，成为著名的使徒。

晃晃，焦躁不安。有一些帆篷鼓满的小木船和壳重体大的火轮在两地间游弋。除此之外，还有上百艘行动灵活、偷偷摸摸的小划子。大火轮发出嘶哑的喘息，同时吐出滚滚黑烟，不过由于博斯普鲁斯海峡的缘故，黑烟都吹向斯坦布尔，把原本雪白的可怜清真寺熏得脏兮兮的。那两道桥是用木船搭建的浮桥，白天合拢夜间断开，好让金角湾将白天泊碇的船只一次性释放出来。每到那个时刻，在一片吆喝和诅咒声中，大小如尤利西斯坐艇的帆船，收起帆篷，放下桅杆，一艘接一艘，鱼贯驶过桥洞。接下来，它们便停在左右两岸，集合成两座樯桅的森林。波涛起伏的时刻，它们左右摇晃，或者，顶着正午的烈日，它们一动不动，就像清真寺的尖塔。

在佩拉，城区中心楼群密集，有点纽约风貌，但也和纽约一样，地势下沉，是个泄洪区。城区的东地中海部分拥围着它那高大的塔楼，窥视着没完没了的昏睡之中的土耳其部分。当（斯坦布尔和斯库塔里）鳞次栉比的大顶木屋在绿荫里展现它们的淡紫颜色，当它们和谐地围着那些高大建筑物，即高大的白色清真寺时，佩拉却笼罩在无情的烈日暴晒的气氛之下。一般而言，绿荫只存在于一座座园子里，那里面透露的神秘气息让我心醉神迷。而石砌的房屋则重重叠叠，一座高过一座，像多米诺骨牌一样挺立，展现出两边开着窗眼的白墙，和两堵像干血一样黑红的山墙。没有什么东西来冲淡这拔地而起的建筑的冷漠无情。那里没有一株树，因为树要占地方。街道像疯子一样冲上山来，人就像因追求钱财累得气喘吁吁一样，上气不接下气。有许多小街因为太窄，两边屋檐几乎挨到了一起。这种疯狂的冲动是那么一致，那么和谐，甚至互相仿效，以至于在这一片房屋之中，一致也成为一种美，使得佩拉，可怕的、冷漠的、没有心肝的、像毁于地震的墨西拿（Messine）[1]一样到处是石砾的佩拉，围着它那像雇佣兵统领一样耀武扬威的碉楼或瞭望塔似的粗壮圆塔[2]，变成了宏伟壮丽的佩拉。

这个区段没有拔地而起的教堂钟楼，也听不见一声钟响。那么，此地的善男信女信奉的是什么宗教呢？有些女人信仰的是快活的宗教。她们努力把自己打扮得美丽，有时她们确也时髦漂亮。唉，不过她们却不像布加勒斯特的女子那样成功！

金角湾的堤岸建得不好，新桥所在的海口基础不牢。有几条街道笔陡地下到那里，就像是一个漏斗的几面斗壁，直直地插进细口瓶里。这样一来，街道上的行人便惊叫，推搡！你碰我，我擦你！然后，大家挤作一团，"呼"地一下拥到桥上。收费处那些身穿白上衣，头戴丑陋的鸭舌帽的家伙，伸着两手，又是吼，又是喝，咬牙切齿，头发散乱，好不容易才把过桥费收了，装进随身背着的褡裢里。这个可恶的职业让他们心肠变硬，两手沾满

---

[1] 意大利西西里岛东端城市，隔墨西拿海峡与亚平宁半岛相望。1908 年曾发生强烈地震，据说有八万四千人丧生。——编注

[2] 此处作者指的是热那亚塔，现在则被称为加拉塔塔，因为它位于佩拉的加拉塔区。

铜臭。

　　临水那一线非常逼仄的土地，就是加拉塔街区，它一直伸入大海，把街区内的房屋封锁在一片腥臭之中。一群码头苦力或靠海吃饭的人，在这里饮酒、吃饭，或者出卖捕来的海鲜。这里的菜都放大蒜。银行在此开办旅馆，海运公司在此开设代理所，海关则在此开设他们的分部。

　　我们往斯坦布尔方向行走，有一刻钟还闻得到这股腥臭味。街道在糟蹋自己，放弃了千百年来的土耳其生活，把自己卖给了贪婪的商人，甚至安拉的神庙也受到玷污。我们往城市上头走，远离这个低洼的地区，来到挨着公墓和苏丹陵墓的街道。在一座优美的喷泉旁边，我们感受到了宁静的气氛。那个喷泉，美得像一座由一株柏树守护的神庙。我们走入一些小巷。在那些街巷里，隔上一段路，就有一座高大的木屋，屋与屋之间，由高大的围墙连接。也许这是官邸，也许就是普通的民居。由于街道并不想一争高下，我们只看到两边像鲑鱼肉一样粉红的高墙。不过我们还是非常满意，因为可以感觉到五十厘米厚的砖墙或石墙那边生活的幸福。围得严严实实的花园里，随心所欲的生活！也许那是监狱，姬妾的监狱。对我们而言，这个时刻的感觉就像一些诗篇，稍许有些痛苦、忧伤，却于人有益。

　　在斯坦布尔的丘陵上，屹立着一些阔大的清真寺，通体白色，在阳光下熠熠生辉。它们的庭院空疏开阔，周围有一些令人愉快的墓地，坟墓排列得很整齐。清真寺周围的"汉屋"（hans）[1] 以细小的穹顶，排成密集的队伍，护卫着墓地。孤独地立在空阔广场上的柏树，刻板地起伏着，把清真寺尖塔的快活与它们挺拔冷峻的外形糅合在一起。树身的皱纹表明这些柏树是多么可敬。我很想就土耳其人的灵魂说点什么，可又没法确切地表述，反正我觉得这里人非常淡泊宁静。我们批评这种态度，管它叫宿命，其实我们应该管它叫信仰。一种被我称作粉红色的——蓝色与粉红色——信仰。说它是蓝色的，是因为海是蓝色的，天是蓝色的。而在这儿，永远看不到海这块蓝色在哪儿终止，天这块蓝色在哪儿开始。因此这是一种没有限止的信仰，是让人欢笑的信仰。可惜我却只知道一种让人痛苦的信仰。我觉得自己对这边的人生出一种友情，原因就在这里。（我之所以说"这边的人"，是因为我要离开他们了；我病了，该朝布林迪西（Brindisi）[2] 也就是归途进发了。）不过他们为什么长着一双目光犀利的眼睛和一个鹰钩鼻子呢？这是风暴骤至、转为飓风的迹象。那突然爆发不可抑制的场面一定非常壮观！在他们粉红色的灵魂深处，潜伏着一个可怕的痛苦的七头蛇怪。太多的淡泊会通过忧郁把人引向痛苦。我想说的就是这话。我曾看见土耳其人在"不幸的"火焰炙烤之下不发一声抱怨：斯坦

---

[1] （清真寺）一种附属建筑，巨石结构，大部分清真寺周围都有。——作者注

[2] 意大利亚平宁半岛东北端海港古城，古罗马著名的阿匹亚大道的终点。从希腊帕特拉开出的海船，停靠意大利的第一站。——编注

布尔作为恶魔般的祭品发出熊熊的烈焰；我曾听见土耳其人在向安拉，也就是"希望"小声祈祷时发出让人扼腕的叹怨！他们的一切我都喜爱，那种沉默，还有木然的面部表情，对未知的上帝的祈求，以及在动听的祈祷中念诵的痛苦的信经。在有月亮的夜晚，或者在斯坦布尔黑糊糊的夜晚，我的耳朵充满了他们灵魂的呼唤。当"穆安津"[1] 呼唤与唱歌的时候，抑扬顿挫的旋律在所有的清真寺尖塔上空回荡！巨大的圆顶也就闭合，把一屋子秘密锁在紧闭的大门里面。一根根尖塔则直冲傲岸的云霄。紧挨着大堵刷了石灰的白墙，一行行墨绿的柏树有节奏地摇头晃脑，庄严、执著，就像几百年来一样，一直摇着。不管置身何处，总见得到一角大海。鹰在天空盘旋，在清真寺的侧影上空画出一个个完美的圆圈，在空中摆起一个个虚有的巨碟。在这个光线明媚的时刻，在艾哈麦德清真寺 (Mosquéc d'Achmed) 对面，古竞技场（Hippodrome）砖石砌的方尖碑上，有一只鹰几乎一直栖身在一块缩进去的石头上，它从黝黑的肩膀上伸头眺望，但是望的不是周围十座尖塔上报时的穆安津，而是更远的亚洲。虽然亚洲的土地是棕红色的，但是远远望去，却是蓝蓝的。那里山势连绵，逶迤不绝，像是要展现出浑身的妖娆，将你诱引。

每座清真寺里都有人在祈祷，在唱歌。善男信女漱了口，洗净面孔和手脚，匍匐在安拉脚下，头磕着铺地的席子。一声声沙哑

---

[1]　在清真寺尖塔上报告祈祷时辰的人。

的祈求，随着庄严的仪式，徐缓有致地从众人嘴里发出来。教长在圣坛上俯瞰大殿，或蹲，或站，或者脸贴地面，做出礼敬的种种手势，与引导祈祷的阿訇遥相应和。有人毫不客气地把外国人赶到门外。

不过也许是因为我掩饰不住的快乐神情，我还是蹲在一个阴暗的壁龛里，多次目睹了祈祷的场景。这个时刻成千上万的伊斯兰信徒，向麦加张开双臂，朝圣黑色帷幔蒙罩的圣殿克尔白。当所有额头都闪耀着同一种敬仰的时候，广阔的地平线已经啃缺了一轮血红的残阳。在无月的昏暗夜晚，灵魂变得悲伤，更夫照例在街上巡逻，提醒各家各户防火保安，那声声嘶哑的呐喊透出了灵魂的全部悲凉。

斯坦布尔是个楼宇密集的城区。所有木头建筑，都是凡人居住的；所有石头建筑，都是安拉的圣所。我在前面说过，这片城区就像一块紫色的羊毛地毯，高挂在大山冈的坡腰上，淹没在阔大无边的祖母绿之中，而冈顶的清真寺，则像是地毯威严的挂钩。那里有两类建筑：一种是覆瓦的大平顶民居，一种是耸立着尖塔的葱头形清真寺。墓地把这两种建筑连在一起。

在拥挤得密不透风的斯坦布尔，要是哪里发生火灾，情形就非常可怕。夜里有更夫在街上巡逻，用一端包铁的粗木棍敲击着坚硬的街石。这种声音本身就十分庄严，在巴黎圣母院的大殿里，神职人员就是用这种声音在人群里开辟道路，迎请圣器圣体或高级神职人员。几乎每夜都有火灾发生。如果有风——和阴险的报复——斯坦布尔就被火海吞噬。火灾的场面既残酷又壮烈。我们这些欧洲人看着冲天而起的火柱，眼睛睁得大大的，充满惊恐。而土耳其人则听任火势蔓延，因为他们认为，是祸躲不过，灾难早就是上天定好了的。于是，在这给大火推波助澜的夜晚，他们的内心充满顺天从命的想法。没有一间房开灯，没有一个人醒着。天地间一片死寂。更夫苍凉的声音，不亲耳听到，是想象不出来的——隔着老远，我们灵敏的耳朵就听到了金属撞击砂岩街石的声音。蓦地，从浓黑的夜幕里爆出一声哀叹：好像有个人中了阴险的一击，在临死前诉说自己的恐怖。他并没有马上断气，还诉说了几十秒钟，说话的节奏是东方式的，一如古希腊悲剧中合唱团的念白。接着，一声嘶哑的喘息，一切便终止了。夜色与死寂又结成了同谋。接下来，在你的房屋角上，再度响起金属撞击石头的声音，哀叹声再度响起，让人心生恐慌。更夫呼叫着，通报某处发生了火灾。于是起火人家的亲戚赶紧穿衣起床，推开木门，钻进树木遮盖的小径迷宫。

　　远远的，在左边，右边，在海边的洼地，或者更远的卡西姆—帕夏街区（Kassim-Packa），或高或低，或起或伏，都会响起这种苍凉的、像血雾一样迸出的声音。借助挺拔的柏树，这声音向上升腾，使每一座"可纳客"（Konak）[1]里酣睡的人发出惊恐的战栗。因为，在佩拉，粗大浑圆的热那亚人塔楼上已经亮起了四盏灯；而对面，在斯坦布尔的冈顶上，警察局的消防塔上，挂出了两盏灯。于是四面八方的人，如马尔马拉区的居民、金角湾的居民、阿克萨顿和托菲恩的居民，还有斯库塔里墓地里的死人，都知道有地方起火了，斯坦布尔又一次受灾，被烧掉一块了。

据说，就因为失火，这个城市每隔四年就换身新皮！未遭火灾损毁的就是那些被"汉屋"围着的大清真寺。在冲天火光的辉映下，百害不侵的安拉圣所像雪花石一样熠熠发光，比任何时候都显得神秘！

---

[1] 土耳其人的民居。

清真寺

　　需要一个静穆的地方，正面朝着麦加的方向。空间必须高大宽敞，让心灵觉得自在，让祈祷觉得轻松。光亮必须充足，四处漫射，不留一个阴暗的角落。而在整体上，又必须十分简朴。建筑形式必须体现出空间上的浩瀚广大。大厅地面应该比一个广场还要宽阔，这倒不是为了容纳众多群众，而是要使前来祈祷的人置身于巨厦，感到舒服快乐，从而生出敬畏。大厅里没有任何东西能够避开目光：一进门，就见得到地面铺垫的巨幅方簟。簟子是用稻草编织的，颜色金黄，常换常新。没有一件家具，就连小坐凳也没有。只有一些低矮的斜架，托着一本本《古兰经》，在贴近地面的高度摆着，祈祷者就跪在架前诵经。放眼环顾，四只屋角尽在眼里，只觉得那里也都明亮洁净，毫无阴影。偌大的方形建筑物上，开着一些小窗眼，从那里伸出四个巨大的横向拱门，把各个穹隅连接在一起。圆顶上开了上千个小窗眼，日光从上面透进来，闪闪烁烁，像一顶晶光璀璨的王冠。上面，是一个广阔的空间，其形状如何，一时不得而知，因为半球形物体有一种让人无法估量的魔力。从那上面垂下无数吊着金属杆子的细绳，几乎直达地面，杆子上挂着小油灯，按着同心圆的阵式排列旋转。一到晚上，穹顶上那一圈窗眼黑下来了，阔大的黑暗空间里，密密匝匝垂吊着的无数细绳也看不见了，善男信女的头顶上，只有一片光焰闪烁的天顶。

朝向入口的米哈拉布（mihrab）[1]，其实只是通向圣殿克尔白的一道门。没有鼓突的形状，也不是单独的实体。

寺里的一切都用石灰粉刷成白色，体现出一种肃穆威严。形式简洁明快，结构完美无缺，却表现得十分大胆。有时，一道用精美的陶瓷镶嵌的高墙基，会带来一线蓝色的震颤。

青年土耳其画派为父辈的过于简朴感到羞耻，因此，在整个土耳其，除了洛蒂[2]拯救的布尔萨（Brousse）[3]清真寺，其余的清真寺都受到冒犯，被装饰涂画得丑陋不堪，让人反感、气愤。我曾说过，要让人们仍旧喜欢这些清真寺，得做大量工作，还得有那份意愿。必须在圣所前面开辟一个院子，用大理石地砖铺地，再在周围砌一圈柱廊；在"古董绿"的斑岩立柱上，架上尖顶拱，来承载小圆顶。在这道柱廊里要开三孔门洞，一孔面北，一孔朝南，

---

[1] 米哈拉布，意译为"祭坛"或"壁龛"，指清真寺正殿纵深处墙正中间指示麦加方向的小拱门或小阁。

[2] 皮埃尔·洛蒂（Pierre Loti, 1850—1923），法国作家，法国侵占伊斯坦布尔时任海军将领，出版过近东旅行的作品。

[3] 土耳其小亚西北部城市 Bursa。1326 年，被奥斯曼人攻占，成为奥斯曼帝国的第一个首都（1326—1402 年）。城内有著名的绿色清真寺，是土耳其建筑风格的滥觞。如今，布尔萨是土耳其主要的工业城市。——编注。

一孔向东。居于正中的是用于净身的水堂，要盖金碧辉煌的屋顶，贴大理石墙板。比人头还高的巨大蓄水罐下面，要安二十个或者四十个水龙头。外面，高大的院墙用凿边的毛石垒成一个质朴的棱柱，三孔门洞都有钟乳石状的门饰。晚上，清真寺就像一座巨大的狮身人面雕像，踞伏在斯坦布尔冈顶，而这棱柱就像是狮身下的爪子[1]。此外，寺前还得有一大片空阔的铺着碎石的广场，上面种几棵柏树。还得辟几条铺石板的小路，通往清真寺和墓地。墓地与院子一左一右，依傍着圣所。墓园荒芜，坟包间乱草离离，几株百年梧桐荫蔽着坟区。一堵用打凿成形的石头砌成的墙，开了上千个装了栅栏的窗洞，从洞眼里望出去，看得见墙外"汉屋"面临的街道。寺前广场上，凡是铺了石板的路当头，都要有一座高大的像纪念碑似的门楼。而在这些四四方方、庄严肃穆的门楼周围，也建有一列列"汉屋"。"汉屋"的平顶上，耸立着众多铅皮小圆顶。它们像众星拱月似的围护着所依傍的圣所，与之互相呼应，形成一个个协调的整体。这些建筑物中间包括培养阿訇的学校，以及立有双层柱廊、喷泉汩汩地喷个不停的庭院。学校亦是四方形，校舍建在四边，中间是个院子，有拱廊遮盖，拱廊上鲜花盛开，爬满葡萄藤。

在清真寺两侧，必须建造一些高耸入云的尖塔，以便在依太阳而定的时刻，把穆安津们呼唤与歌唱的高亢声音送到远

---

[1]　此处描述的是苏莱曼清真寺。

方，从那上面落下一些给人留下深刻印象的音符。清真寺周围，要有一片片木屋组成的城区。白色的圣所则高踞于它的石头城池上，在一座座巨大的砖石立方体上推出一个个圆顶。

一种基本的几何图形使众多元素统一起来：正方形，立方形，球形。在平面图上，这是一种矩形的复合体，但是只有一根轴线。穆斯林土地上的清真寺，其轴线都对着麦加那个黑色圣所克尔白。这象征着穆斯林们信仰的一致。

有天傍晚，在城里东奔西走、筋疲力尽的我来到斯坦布尔街巷深处，离高墙 [1] 不远的地方，看见萨利姆苏丹清真寺（Sultan Sélim）的圆顶与尖塔在苍茫的暮色里遍体发光，就朝那里走去。在也被昼间的车水马龙川流不息弄得疲惫不堪的街道上，最后一些尚未归家的土耳其人惊奇地看着我经过：一到日落时分，斯坦布尔就成了百分之百的土耳其城，因为佩拉的居民告诫说："当心，不要去那里，不要在那里逗留；那是些野蛮人，会把你们杀掉的！"我顺着一些大菜园上方的一条街往上走，来到一排"汉屋"前，接着来到围墙边，又到了只有几棵柏树的广场上。挨着清真寺，有一圈围墙围着的墓地，里面有几个小坟包，还有几座大小如基督教洗礼堂的陵墓。一堵土垒的高墙插入暮色之中。晦暗之中看不清金角湾的形状了。天幕上，只见到一座座大清真寺黑黢黢的影子。院子里，水堂的流水潺潺，但是没有盖住

---

[1] 高墙是指建于拜占庭时期的狄奥多西二世城墙，从金角湾一直延伸到马拉马拉海，墙里就是斯坦布尔。——编注

从圆顶柱廊下来的人影的脚步声。他们是几个男人，都穿着深色长袍，一个个净了手，依次走过大理石地面，来到钟乳石状门饰下面，掀起沉甸甸的皮革与红色天鹅绒缝制的门帘一角。

　　天色还没有完全黑下来，一片祖母绿的背景衬托出几抹靛青。清真寺圆顶那滚滚的巨腹似乎吸足了热量，此刻正在往外排放。就是球状的屋顶，这块为深绿的天幕映衬的绿色，这个在四四方方的柱廊之上立着两根尖塔的大圆盘在烁烁闪光。

　　门帘放下来了。星光闪烁的天花板一圈圈地在祈祷者头上展开，就像一块由千百盏摇曳的小油灯织成的让人安宁的纱幔，而圣殿方方正正的四面墙壁则好像退到了很远的地方。众人祈祷的声音穿过密林般悬吊下来的灯线，直达穹隆深处，并在那里消失。这层虚浮的光组成的天花板悬在离箪子三米高的地方，再往上，则是一轮轮漫开的巨大的阴暗空间，这是我知道的最有诗意的建筑构造。

　　祈祷者都在正殿几个区域，赤足，排成几行，不时地一齐倒地伏拜。讲坛上的阿訇做了布道，说出一声"安拉"之后，众人等上漫长的几秒钟，或跪着头磕地面，或站着眼望圣坛，双手做敬礼状，用深沉的声音跟着喊声"安拉"。接下来，人群中有人用祭拜仪式中领头的尖锐声音，念起了信经。起初声调平缓，但突然一下往上扬，接着又哀伤地、忧郁地落下来，显得伤感，十分伤感！念毕，大家起身，各自散开。

等我走出来时，黑暗中只留下了几个人。有个人走拢来，朝我伸出手，咧开一嘴大胡子笑着。我们不明白他笑什么，许是笑我茫然的表情。另外几人跟着走过来，也朝我伸出手来。我赶紧走开，朝大桥走去。我知道要走两个钟头才到得了旅馆。周围是一片含有深意的静寂，但我十分高兴。

路边是一块块墓地经过修剪的篱笆，它们透过一个个洞眼，传达出里面那些坟墓的睡意。此外还有不少水堂，是由苏丹捐建的，他在这个地方建造永久性的供水设施，为的就是要大家对他表示敬重！现在我经过的是耸立着两个洛可可式尖塔和一个大圆顶的麦哈麦德苏丹清真寺（Sultan Mehmed）[1]，以及四面围建的"汉屋"，接下来是院子的大门。有一两座棱柱形的陵寝，里面安息着某位锦缎裹身的苏丹。在他的棺椁周围，摆放着众多后妃的棺材。再过去，又是墓地的围墙。引水渠这个拜占庭时代的幽灵，把夜色衬得黢黑，它的形状长长的，像是一艘开了很多舷窗的邮轮，因此也像个现代建筑。它盘踞在形状奇特、俯瞰众多大墓的什赫萨德清真寺（Chah Zadé）[2] 上面。

一路上我没有遇到人。有几盏路灯照着此处一堵闪着金黄光泽、开着拱廊的高墙；拱廊上安着图案复杂的青铜栅栏。有几株柏树超出了围墙。我把脸贴在金属格栅上，分辨出里面的一座座

---

[1] 麦哈麦德苏丹清真寺，Mehmet II Camii，由麦哈麦德苏丹二世（Sultan Mehmet II）建造，复合式建筑，包括了几个重要的陵墓。也被称为法提清真寺（Fatih Camii）或征服者清真寺。

[2] Sehzade Mehmet Camii，是苏莱曼苏丹为了纪念他最心爱的儿子麦哈麦德王子而建，建于 1548 年。

坟包。在金角湾的水面上，不时可以看见一些光亮，有时是左边，有时又是右边，这是马尔马拉海映射过来的反光。在一个稍远一点的小山冈上，巨大的苏莱曼清真寺[1]像狮身人面像，一双大脚盘踞在那儿。修建这座清真寺的人建了差不多一百座这样的圣所，还有不知多少沙漠旅店。一些陵墓连着一所学校——大概这是一所捐赠的学校。大路在一些阴暗的拱廊之间延伸，白天那里和别的街道一样，人头攒动，熙熙攘攘，非常热闹。

大路左边或右边，又出现了死人安息的地方。接着，两边都被墓地占了。有些苏丹御制的遗骸盒很朴素，外面着了颜色，里面是陶瓷的，有时也还美观。很快，我就走到了巴雅齐德清真寺（Bajazid la Mosquée）[2]，又称鸽子清真寺。它就在大巴扎的拐角上，两座尖塔相距很远；而努里奥斯曼清真寺（Nouri Osmanié, La Mosquée des Tulipes），即郁金香清真寺则坐落在对面街角[3]。隔着很远，就看见它颜色浅淡的尖塔，以及它那装饰着怪异的洛可可图案的高墙。火烧柱（Colonne Brûlée）[4]上面是

---

[1] 苏莱曼清真寺，Süleymaniye Camii，是锡南为苏莱曼苏丹建造的第三座，也是最宏伟的清真寺，它本身是一个巨大的建筑群。

[2] 巴雅齐德清真寺，Beyazit Camii，以苏丹巴雅齐德二世（Sultan Bayazit II，1481—1512）的名字命名。

[3] Nuruosmaniye Camii，事实上努里奥斯曼（意为奥斯曼之光）清真寺并非郁金香清真寺，后者形似花朵，但名字来源于后来的郁金香王子、阿梅特三世。作者在此搞错了。

[4] 火烧柱，Çemberlitaş，是公元330年君士坦丁大帝为纪念君士坦丁堡成为罗马帝国首都而树立的奠基柱，已有近十七个世纪的历史。柱身被火熏黑，为防风化箍上了铁环。——编注

拜占庭风格，底座却是土耳其式的，展现出它被烈火烧裂，又被铁环箍起来的斑岩风貌。

有几家咖啡馆还在营业，它们已经采用了欧洲方式，摆上了维也纳的椅子，先付费后消费。我接近了终点。圣索菲亚清真寺就在这条大马路尽头。除了此路，再也没有别的道路。而这条路的起点，则坐落着米里马帕夏清真寺 (Mirimah Pacha) [1]。这座"式样拙朴"的"无塔寺"，像一整块巨石，放置在筑有雉堞的高墙上。几个钟头以前，在闪闪发光的天幕下，我就是从这里出发的。圣索菲亚是座拜占庭风格的清真寺，附加了四座尖塔，从这里望出去，看得见古老的竞技场边上巨大的拥有六个尖塔的艾哈麦德清真寺。街道突然一个转弯，大桥就不远了。佩拉带着生硬的轮廓出现在眼前。时间已晚，加拉塔（Galata）的小咖啡馆似乎要打烊了。我累了，慢慢地往上走，脚下带起小田园的褐色尘埃。我靠在大理石的头帕上，可怜的被截去主要部分的雕塑 [2]。蓦地，一些大咖啡馆的灯光投射过来。在那里面，有那么多人在普契尼轻松、悦耳、调皮和动人的音乐声中寻欢作乐，以求消遣。

然而从那里开始，我就不再往下走了，因为大路两边再没有房子，只是一片死人的地盘。那块地盘尘埃太重，柏树在慢慢死亡。在走进我们房屋的门槛之前，我回过头来，把它们，坐落在斯坦布

---

[1] 米里马帕夏清真寺，Mihrimah Paşa Camii，是为苏莱曼苏丹的女儿、米里马公主修建的。帕夏是旧时土耳其授予文武官员的一种头衔。

[2] 土耳其人坟墓上常有用大理石雕刻的头巾或毡帽，时间一长，石刻头帕掉落，便只剩下墓碑部分。

尔这个巨大山脊上的大清真寺，从拙朴的米里马帕夏清真寺，到几乎被革出教门的艾哈麦德的清真寺[1]都收在眼底。起雾了，金角湾已经被罩住，蒙蒙一片。雾气会越来越浓，将把佩拉与斯坦布尔，以及刀枪不入的清真寺完全淹没，直到第二天早上才会渐渐消散。清真寺的底部浸泡在棉絮般的雾海里，像孤岛一样屹立在黎明的苍白天际。而几乎每天晚上，云青色的天幕都映衬出它们的巨大身影。

---

[1] 伊斯兰教中只有麦加的克尔白圣所才有六个尖塔，艾哈麦德苏丹在自己的清真寺上也建了六座尖塔，遂引发众怒，差点被革出教门。不过，他最终化解了危机，办法就是在麦加的圣所上修建了第七个尖塔。

墓地

    我是在雅典一家闹哄哄的咖啡馆写下这些文字的。露天座前面，一个可怜家伙摆了一架留声机，想等古塔胶压制的唱盘走完，好开始募捐。可他是得不到什么施舍的，因为此处有一些"拉琴吹管的"在现场表演卖艺。从牵牛花型的喇叭口里飘出一些旋律，一些东方的曲调——先是一阵喧哗，里面有人说了声："我活着！"接下来就开始了念经一样的说唱。音调先是高亢激越了很久，然后渐渐疲软下来，直往下降，虽然尽力挺着，在一个音符上盘桓很久，但还是保持不住，终于气尽音息。

    这一下就把我带到了别处——先是带到来时乘坐的那条轮船上。我们曾在那条船的甲板上倾听一个人拨弄着双颈琴，用假声没完没了地咏唱夜曲。月华当空，银辉遍地，金字塔形的圣山蓝幽幽的，渐渐隐入了圣母的颜色。接下来，留声机里这些念经一样的咏唱还把我带得更远，带到一种已经消散的现实，即夜晚的和正午祈祷时刻的斯坦布尔。哪天心情快活的时候，要是再度听到这些忧伤的歌曲，我一定会生出浓烈的乡愁，浓得没法化解。可是我有时心神不安，在坟墓中间反倒觉得宁静下来。在无数柏树荫护的那些墓坑里，不分老祖宗还是小后生，大家都乱七八糟地躺着。在那里，还立着一个个高大的石碑。如果年深日久一点，大理石上面就爬满了苔藓地衣，看不出本来面目了。我想，在斯坦布尔是这番景象，在斯库塔里，在阿德里安堡、巴尔干、小亚细亚以及别的一些地方也都是这番景象。

斯坦布尔完全被坟墓占据了。这里的人喜欢坟墓，甚至把坟墓建在住宅院落里。一个土耳其人的礼拜日[1]，我透过虚掩的大门，看见一个男人坐在花园里，背靠着一座坟墓的白柱，在那儿冥想。他没有想到什么，可是我，却被这一幕深深地打动了。有好多次，在罗多斯托和别的一些地方的人家小院里，我看见地面上摆着，甚至门槛上挂着灯笼，给死去的亲人照明。君士坦丁堡是片荒瘠的土地。人们买下土地建房砌屋，栽种树木，剩下的空地就用来安葬死者。坟墓插进街道，占领树下的空地，在清真寺周围有限的空地上与历届苏丹安息的巨大陵寝争夺地盘。于是在这片土地上蓝色的飞帘草四处蔓生。土耳其人的一生，就是在清真寺到墓地之间度过的，中间虽然经过了咖啡馆，在那里却是只吸烟，不交谈。真没想到，豪华气派的咖啡馆，竟会把店面开到清真寺广场边上，甚至把某位圣人的坟墓，连同周围的栅栏都一起圈到自己的内院。

---

[1] 土耳其人星期五做礼拜，每到这一天，就会在建筑物上挂出红底新月的旗帜。以色列人星期六做礼拜，而东正教徒则星期日做礼拜。——作者注

若干世纪以来，每天夜晚，院里都会点燃一盏灯笼，照着有时漆成红色有时绿色的大理石墓顶，精美的阿拉伯文墓志铭描了金，在灯光下熠熠闪光。

斯坦布尔城区并没有超出拜占庭时代的高大围墙，它宁愿在过于仄逼的空间挤得透不过气来，也不向外扩张。既然大公墓里所有的空地都被占用了，斯坦布尔就把死者一直埋到了围墙外面。于是蓝幽幽的飞帘草就慢慢地往下长，走了很长的路，终于从金角湾蔓延到了斯坦布尔。还有高大的柏树亦是如此，从金角湾到此区，它们排成了一条条长长的林荫大道。有时暮霭升得太早，天色就变得很是晦暗，它们就像微微泛蓝的血，在被淹没的天边流淌。巨大的方塔一个接一个伸向天际，显得杂乱无章，拜占庭的高墙因此黯然失色，变得冷漠无情。这时在我这个"异教徒"[1]的心头，又生出一丝不安。土耳其人看到这种景象不会发慌，因为他们信仰的是叫他们不必害怕死亡的宗教。

这天晚上，我从埃旺·萨雷（Avan Seraï）[2]登上托帕卡皮门（Top Capou）[3]。因为那里眼界开阔，可以将大片洼地里的所有建筑，连同那些沟沟垄垄、开阔地带一览无余。在雉堞后面，可以并行好几辆坦克。一些城堡主塔被整个儿推倒，填在壕沟里。有些女人蹲在古建筑遗址上。这里一个，那儿两个。她们戴着附有披肩

---

[1] 土耳其人对基督徒的蔑称。——作者注

[2] 即 Ayvansaray。——编注

[3] 托帕卡皮门（Topkapi），也叫炮门，是从西边进入该城老城墙的重要入口。

的黑风帽，样子就像希腊神话里司掌暴风的哈耳皮埃。大雾弥漫。在雾海中时隐时现的柏树显得分外肃杀。天低云重，迷雾重重，让人忽然觉得非常荒僻与凄清。我恐惧地感觉到北方的寒风正在绞杀为阳光而生的生物。在那些扶着古拜占庭砖墙的女人中间，也有几个被风吹黑了。她们头戴风帽，风帽下面披出来一块，一直盖到了臀部，就像是一些停着不动的蝙蝠，也像是巴黎圣母院塔楼上的那个怪物。她们一动也不动，直往那一大片坟包兀立的平野张望。

　　斯库塔里是一座建在尘土与遗忘中的大公墓。埃于普 (Eyoub)[1] 是个圣地。我认为，人们喜欢把这座俯瞰众多陵寝的陡峭山冈作为自己的长眠之所。从那里望出去，整个金角湾尽在眼底，远处的亚洲也依稀可见。我们在一条铺了砖石的古老道路上往下走，两边的坟墓都用石碑盖顶。一路上碰到几个和善的土耳其人，他们往山顶上走，回自家的茅屋。前面的圣所已经沉浸在阴影之中。我们几乎就站在那些大圆顶上头俯瞰它们。圣所院子里摆着各式精美的陶瓷器物，成了这个另类安息所的豪华前庭。这个安息所里有那么多陵寝圣墓，一天到晚都有妇人前来奉香礼拜，对着亡灵低沉地祈祷，生出无尽的冥想。接下来，出于虔诚，她们请几个盲人出面，让他们向鸽群扬撒玉米。那些鸽子数量真多，翅膀张开一大片，云絮一样，停在教堂周围，把圆顶都盖没了。

---

[1]　即 Eyüp 地区。——编注

她们与它们

　　我不论是怜爱地看着一只小猫，欣赏波斯细密画和柬埔寨的小铜像，还是观看斯坦布尔的小女人和小毛驴，眼睛都是泪汪汪的。我看出其中的一些联系与相似性。我觉得自己处在一种高贵的环境：在生命的每一秒钟，一只小猫、斯坦布尔的一个小女人和一些小毛驴都构成了一种美丽（抱歉！我入题太深，把后面两者也捆在一起议论了）；有幅波斯细密画，把赤身裸体的天使拉斐尔画得如同黑麦面包一样粗糙（《众人之友》）；在巴黎的吉美（Guimet）博物馆，我曾伸出手指，偷偷地摸过一尊湿婆的青铜像——是啊，就是想体验一种战栗。当你面对所爱的人，让你激动的人，做个动作，或者斗胆说句话时，就会生出这样的战栗，因为你想告诉她你爱她，因她而激动。

　　此时此刻，我正在塔伦特（Tarente）平原从布林迪西到那不勒斯的路上。只有一排座位的火车包厢里，坐着一些高大健壮的意大利美人。昨夜，从希腊的科孚（Corfou）到布林迪西，我在横

96

渡亚德里亚海的轮船上睡着了。我躺在甲板上，怀里抱了一只小雌猫，当作暖炉。也不知怎么心血来潮，就想到了一幅波斯细密画，那是几周前在斯坦布尔的一个巴扎从一个盗贼手里买下的。画面上，一个男人劫走自己的情妇，他举起驮着情妇的黑马，把它扛到肩上，紧紧地搂住马腿，疯子似地撒腿狂奔，把一些红色的山岩远远甩在身后。而情妇坐在马背上，一手捂嘴，一手紧抓着马鞍，兀自出神……

　　画面是一些怪诞思想的大凑合，显示出画家运用了对比、相似，以及演绎的手法！我们就不要再说它支离破碎、杂乱无章了！因为我断言，画马背、马肚，和马的小脸蛋，都是依照斯坦布尔的小毛驴画的。而斯坦布尔的小女人，那些戴着樱桃红、酒渣红、蓝色或乌木色面纱的玉人，悄悄在你们知道的那些街巷行走，或者洁净整齐地端坐在甜水湾的水边，或者贝依科兹（Beicos）的悬铃树下面。我断言，她们和波斯女人一样优雅，像波斯猫一样美丽，而且，如果跟你们说到她们的面孔，我就还会提到远东，提到并不完好、有点不宜的柬埔寨，连同它那些用红黑两色涂绘、样子怪异的雪花石雕塑。至于湿婆那让人欣喜的形状，我谈到那些小毛驴的时候再说，因为它们是我最喜欢的。

　　她们一下就把我征服了——人们总是由简单的事情开始。我起初并不喜欢她们，有三周时间，我不愿意写她们，什么都不写！

我不是曾经诅咒过她们吗？后来，有一天，我看到了白色清真寺后，十分得意，回到家，我就对克利甫[1]说："那边有阳光！还有那些小女人，戴着黑面纱，一团神秘，根本看不出是谁，就像是同一批生产出来的瓷娃娃，一样的黑纱，一样的身段外形，很逗人喜欢。尽管她们把第二条衬裙盖在头上，当做抵拒目光的面甲，可还是讨人喜欢，因为这举动本身就很撩人。我的老克利甫啊，我向你发誓，你这个骨瘦如柴的老苦行僧，她们个个都差不多年轻可爱，虽然腮帮子饱满了点，皮肤却是那种牙黄色，眼睛像羚羊一样温柔。该把她们画下来！再说那些面纱遮住的秘密可以参透。我觉得愿意把自己打扮得美丽的姑娘有成千上万。只要有这份心思，什么清规戒律都绕得过。她们有点儿天才，可是在这种也许是明智的习俗下，她们却做出了奇迹：穿着剪裁完全一样，没有花边，没有不同配饰，没有可以展现她们高雅情趣的小玩意儿的衣服，却表现出了自己的独特个性。她们是怎么做到这一点的？简而言之，就是因为她们有爱美之心，有把自己打扮漂亮的意愿，这样一来，她们就尽到了做女人的首要义务。克利甫，你这个弗兰德佬，你家乡的女人却是截然相反！"

克利甫反唇相讥："那你家乡的女人呢？"

关于这些小女人，如果还要我说什么，那就是要我随意编造，添枝加叶了，因为那是一个外人无法进入的王国，即使是泰奥菲

---

[1] 即奥古斯特。——作者注

98

尔·戈蒂耶[1]笔下英俊的"异教徒"也是如此。确实，要是举出洛蒂先生做例子啊，情形有可能就不太一样：如果你身上有几条佩带，如果你是法国人，如果你住在特拉皮亚（Therapia），如果你指挥一条三桅战舰，说不定就会让某个女人动心！

我在这里只有过一次艳遇，经过如下：有一次，什赫萨德广场逢集，我看上了一块印花料子，就是本地女人戴在头上的那种，跟一个土耳其老妇人（她跟我们的话题无关）讨价还价，她开的价太离谱了，我死活不接受。就在我们争得不可开交的时候，旁边一个声音用德语问道：

"您说德语吗？"

说话的就是那样一个小女人，黑色面罩下面是一块樱桃红的面纱。她把我从老妇人的爪子下解救了出来，让我买下了那块料子。然后，她很端庄地对我说：

"日安，先生！"

然后她带着她的陪媪，一个黑女人，就走开不见了。俯瞰广场的大阶梯上聚集了一大群土耳其人，他们一个个眼睛睁得溜圆，吃惊地看着这一幕：一个"异教徒"和一个戴面纱的女人说话，而且是在斯坦布尔的中心地段，这在他们似乎是不能接受的事情。我要是和那女人多说几句，没准会被他们围住，像美国黑人一样遭顿暴打。在这种事情上，土耳其男人是不开玩笑的。你知道他们

---

[1] 泰奥菲尔·戈蒂耶（Theophile Gautier, 1811—1872），法国唯美主义诗人、小说家。

心底沉睡着一个难以驱除的魔怪。对我来说，这次短暂接触让我陶醉，心旌摇荡！我要是告诉你，她年轻貌美，在我们说话的当口，我透过面纱一个劲儿地欣赏她，也许会显得可笑。不过当晚我给几个人写了明信片，他们知道我和一个天仙般的小女人说了话，而且知道我因此神思恍惚——恍惚了好久！

至于"它们"，今天就不说了，好让你抓住还剩下的几秒钟，在那些爬满绿藤、旁边种植着一行行柏树的鲑肉色高墙之间，在那些虚掩的大门对着紧闭的大门之间，看看那些戴着蓝面纱，有时，常常是樱桃红、酒渣红或者乌黑面纱，悄悄跑过的小女人。

至于"它们"，数量众多，无以计算，都是干活的：有的虽然跑不快，但却给一些就喜欢颠簸的土耳其人当坐骑；有的运瓦砾渣土，一头接一头，被一根绳子牵着，在佩拉笔陡的山路上往上攀，就像冰川上抓着长链往前移的游客；它们脊背两边各驮着一个筐，大约二十八筐一立方。光这运输一项，就要增加不少挖土拆屋的费用。它们也运砖，用绳子捆着，一边一驮，行走时铃铛一甩一甩，声音汇在一起，就像教堂敲响的排钟。它们都很听话，即便浑身大汗，也都不声不响地跟着一个驴夫走。那汉子皮肤像烟草一样褐黄，发出各种喝令，指挥它们行动。它们也驮运西红柿和卡尔普[1]。西红柿用葡萄叶包着，颜色鲜艳；卡尔普沉甸甸的，发出沁人心脾的清香。总之，到处都看得见它们，它们是生活在佩拉和斯坦布

---

[1] 一种甜瓜，土耳其人夏季的基本食物。——作者注 (即西瓜，土耳其语 Karpuz。——编注)

尔的居民之间的第三类居民。

　　它们的保护主是谦卑大圣（Saint Modest）：基督教会出于传布信仰的狂热，给它们指定了一个保护主，为的是把它们的灵魂从土耳其人那里夺过来。圣山有驴子节。在那一天，母驴和驴仔不干活，四脚朝天在草地上打滚，自由地发出召唤公驴的叫声。我想象，那场非比寻常的音乐会一定非常激越雄浑。此外，它们还能吃到双份食料，吃得漂亮的肚子浑圆，按白灰褐顺序渐次加深的天鹅绒般的毛皮油光发亮，像鼓皮一样绷起来。谦卑大圣这个名字大概是上天给的或者学者取的，原因是它知足常乐，顺从配合。不过我可以肯定，你绝对想象不到这些小东西是多么可爱，因为你没有见过这位讨人喜欢的大圣的这些小奴仆。它们一路小跑，从不抬头，尽管额前垂挂的白的红的土耳其玻璃球可以让它们自视不凡，那神态既谦卑适度，又富含韵致。它们的下唇就像手套皮，长满少有的绒毛，显得端正、干净、非常宽厚。它们干的虽然是出大力流大汗的重活，姿态却像在沙龙里一样优雅。你就给它们加一件波斯女人的长袍，和一双像她们那样美丽的黑色大眼睛吧。

一家咖啡馆

我是偶然来到这里的——只要能避开巴扎，哪儿有缝我就往哪里钻。这家咖啡馆所在的地坪凉爽、安静，因为有些百年老树亭亭如盖，遮蔽了天日。地坪里扯着一些篷布，灰色红色或白色条纹的都有，四只角系在树身上，中间低垂下来的部分离地有几米高。阳光从枝叶间漏下来，投在一些用不规则地砖镶边的灰色圆圈上，闪烁着一个个白亮的光点。地坪一头摆着一些豪华的小矮柜，用两只长沙发顶着，一边用来调制咖啡，一边用作空间的隔断。那边，有几座土耳其式房屋挡着，拦住了试图钻进弯街小巷的目光。我是登上一道形状怪异的石梯，又钻过在一堵高墙上开设的式样美观的门洞，才来到这家咖啡馆的。地坪上四处摆放着一些长椅，形成一个个小圈子。长椅上铺着红的黑的黄的条纹地毯。长椅很宽，有椅背，有搁手放物的小几，因为本地人都不是坐着，而是脱掉鞋子，登上长椅，盘腿来喝咖啡。这种方式很潇洒、干净，显得他们过日子很规矩。这也使我们免了像筋疲力尽的木匠，或者因花天酒地蚀坏了身体的年轻人那样，把手撑在桌子上喝。你们也知道，这里人喝咖啡，用的是小杯；喝茶，则用梨形的玻璃杯。两者都是一个铜板一杯，一般人也喝得起几杯。

咖啡馆里有上百个土耳其人，他们都在聊天，声音却并不嘈杂刺耳。水烟筒里噗噜噗噜地传出声响。烟雾弥漫，空气都变成了蓝色。这是一个出产优质烟草的国度，人们吸烟也没有节制。实在不舒服了，就少吸几口，可是奥古斯特不干，就是把老命送掉也要吸。客人中间有戴土耳其帽的，也有扎头帕的；有穿黑袍的，也有穿灰袍蓝袍的。有个小老头，穿着粉红色的外衣，看上去像个小男孩。此地的老人身手灵活，眼睛发亮，很讨人喜欢；是祈祷给了他们健康的体魄，因为他们必须往地上伏倒，又从地上爬起，身体剧烈运动，无异于做体操。这些可爱的老人总是乐呵呵的，腋下夹着从不离身的卡尔普，像白鼬一样到处转。

我的桌上摆放着一些蓝色的绣球花；别人的桌子上，放的是玫瑰或者康乃馨。不远处，有一座小型的大理石喷泉，水嘶嘶地喷出来，落在老式土耳其风格的盛水盘里。一些猫在桌子间神气地走过来走过去，寻找小线球。为了传神地描绘这个咖啡馆，我得说它就像一座清真寺的大门，其六根多边形立柱安在这些长椅中间，柱头上显现的是怪异的西班牙巴洛克风格。五个小型的圆顶一直连到一堵平滑的高墙。墙上开了一道又高又窄的木门，黑色的门板上有一个锃亮的复杂图案，那是用象牙与珍珠质镶嵌而成的。小圆顶下面，铺着灯心草编织的簟子，一直连接着咖啡座间五颜六色的地毯。透过扶疏的树木，望得见清真寺的尖塔。穆安津刚刚登到上面，呼唤祈祷的尖锐声音便传播开来。于是善男信女们纷纷走到簟席上，伏倒又起来，礼拜安拉。

不过土耳其最有诗意、最动人、最有感染力的，还算这个情景：咖啡馆的桌子之间，垒着三个坟堆，大小有几米见方，边坡砌着石块，并用精致的铁丝围起来。旁边一株树上挂着一盏灯笼，通宵不熄，照着坟墓。墓碑上刻着碑文，是上粗下细那种仿佛踮着脚尖跳舞的字体，无疑是在追述死者的功德。死者躺在无花果树的根柢之间，而高大的枝梢则像死者的灵魂，朝着天空伸展。当地的风俗，是让死者躺在活人中间，好让他们保持安宁。那些像孩子一样，穿着粉红、蓝色或白色袍子的善良老头，每天早晨都会来问候死者。他们透过满嘴的胡须，发着明显的齿音，急促地说："是啊，是啊，我们就来了，要不了多久了。我很高兴与你们重逢！……"

穆罕默德帕夏清真寺（Mahmoud Pasa ╱ Mahmut Pasa Camii）是一座小寺，光秃秃的四面墙上别无装饰，只有一个尖塔和一个大圆顶。我说的咖啡馆，就在该寺附近，离热闹喧嚣的巴扎并不遥远。有好多个夜晚，我与奥古斯特就是在这里度过的。

芝麻开门

巴扎！对游客来说，最可怕的地方就是巴扎，一想起巴扎，总会带出种种怨恨，因为巴扎是商贩不付任何代价就可大肆欺诈的场所。商贩在这里以贵得惊人的价格兜售商品，并且用滔滔不绝的花言巧语，把一些游客说得晕晕乎乎，什么都不能分辨，只好把钱包留下，逃出来就是万幸了！这里也有最令人困惑的"诚实"。当然，这里的一切都是古董，老八辈子的东西，史前时期的器具。这里出卖的陶器都盖着产地的印记：古维也纳的，古迈森（Meissen）[1]的，古萨克森的，古威尼斯的。一盏煤油灯也许会被人称作库塔亚（Kuttaya）[2]的烛架："古货啊！"一个波朗特吕（Porrentruy）[3]的瓦罐也许会冒充为真正的迈锡尼双耳尖底瓮，只要在路上将把手和罐嘴打断，鼓突的罐肚打破就行。此外，大家都喜欢波斯古董。有个家伙也许认为，我和逛巴扎的那些先生一样好蒙，就把一种杯

---

[1]　迈森，德国东部城市，18 世纪初，这里成为了欧洲瓷器工业的发源地。"一对交叉的蓝色剑"是迈森瓷器的商标。——编注

[2]　库塔亚，Kütahya，土耳其安纳托里亚西部城市，以彩色瓷砖和陶器出名。——编注

[3]　波朗特吕，瑞士西北部城市。

托拿给我看，说是来自伊斯法罕的古董。其实这只不过是两三年前，德国唯宝公司（Villroy & Boch）成千上万烧制的东西——虽是手工绘制的粗陶，不过样子也不丑，杯子加杯托，两件才卖二十五芬尼[1]，而这位貌似淳朴的汉子却要卖二十法郎！还有一些别的花头：在一家土耳其商店的橱窗里，摆着一些波斯小漆器，品相并不太好，还有一只缪拉蒂斯（Murattis）的白铁皮烟盒，漆成红蓝两色，描了金边。可这么个玩意儿也被说成古货："是啊，先生，波斯的，古董！是啊，先生！"

诸如此类的诈骗，真是无以计数，在此恕不一一列举。巴扎，简直是芝麻开门，因为在粗糙的土洞里，人们可以发现并淘出东方最瑰丽的财宝，从欧洲的穆斯林到热带丛林的穆斯林，人们都随着浩浩荡荡的商队翻山越岭，穿过沙漠，走过僻壤，来到此地。巴扎是一座迷宫（贝德克尔希望人们配带一只罗盘），是一个地下的迷魂阵，在里面行走好多公里，看不到一角青天。封闭，沉闷，死寂。低矮的筒形拱顶下面，开着一眼眼极小的窗孔，然而里面却光线明亮。夜晚这里门可罗雀，白昼这里人如潮涌。

每当夕阳西下，沉重的大门就合拢来，把惊人的财富关在里面，鼎沸的喧嚣就开始止息。

我觉得自己被推到了热闹的中央大道。左右两边的店铺里都摆卖着粗劣的五金念珠和难看的地毯，然而，店里还是有很多迷

---

[1] 原德国辅币名。一百芬尼等于一马克。

人的好东西。你们知道，在商店里买东西，和在博物馆里看东西眼光不一样，因为在商店里，你能够把东西买下来，变成自己的东西，而在博物馆，看到那些东西无聊地、冷漠地陈列在那里，不能据为己有，时时赏玩，忧郁就会油然而生。

顾客不是走进，而是被拉进，被推进商店的。就像一架机器，等原料一进去，就开始"运转"。还在门口就有五六个人拥上来拉扯你，向你推介商品，简直要把你分成几大块。进到里面，又有几个人大声向你推销货物。当然，他们在你行动之前就知道你想买什么。墙壁给你让道，你往楼上走，一匹匹布料在你面前打开。那崭新的花色式样看得你眼花缭乱。他们把布料塞到你手里，让你摸摸质地，放到你眼皮下，让你看看做工。这是博斯查拉（Boccharah）的绣片，像桌布一样宽大，这是士麦那（Smyrne）、安哥拉（Angora）、波斯的羊毛地毯，都是厚毛长绒的。接下来，是用贾尼纳（Janina）蚕丝织造的嵌着银线的纱罗、硬挺的杂布、豪华的锦缎、斯库塔里的立绒、印度和波斯的印染花边。这一切都拉下来，摊开来，在你眼前晃动，抽打着你的面孔，并且不分好坏，胡乱地码在一起。

你做了个不要的表示，这些吸血鬼马上明白了："对，这不是你要的料子！我知道你喜欢什么。喏，这边还有呢！"那边是一排玻璃宝笼，里面摆着一些首饰，不是镀金黄铜的，就是象牙牛骨的。上面则陈列着一些陶器，一些属库塔亚出产的古陶，一些贵得惊人的波斯陶片，从一座坍塌的清真寺上揭下来的；一些坛坛罐罐，蓝色的大肚子上凸起一条条泥纹，原来人们用它们来盛油浸泡食物，现在还是油腻腻的，残留着食物的气味。在此期间，有人可能把一支用坏了的阿尔巴尼亚长枪，或者一把大马士革匕首递到你眼前；商贩打了一个响舌，因为这确实美！有一些黄铜镂刻的小玩意儿，你不想看，有人硬拉你去看了一眼；由于你也许不经意地提到了漆器，于是，你两只手上就塞满了这些东西；还有，有人从一个橱柜里找来一些《古兰经》，兴奋地一页页翻给你看。要是碰到一幅好似古画的人像，笔意虽然呆滞但是大气，商贩就会对你叫道：

"先生您瞧，多么自然啊！（因为他们知道，今日的大众都喜欢像照片一样真实的画像，任何细微之处都不能少，就像电影里一样鲜活。）先生您看这神情，好像要和您说话哩！先生！（他们就怕你心不在焉。）先生！这可是古画哟！"

接下来，叫卖到了顶点："先生，这份手稿，完全是手写的，我用名誉担保！"

这时商贩们把地毯和绣品放了，并没有再拿起来；陶器也放好，因为现在每个举动都有可能碰坏它们。你完全被墙上一个波斯小女人吸引了，她穿着猩红色的裙袍，头上张着金色的华盖，在伊斯法罕一个到处开着郁金香和风信子的花园里。而他们，那些"蛮子"的可怕信徒也赶到了那儿，他们喘息未定，就瞪着大眼睛直往阴暗的墙上扫瞄，想从中找到让你丢魂失魄的东西。说实话，在那个场合，也没法保持冷静，因为你看到的奇异东西，让你走神的精美器具太多了。你感到晕晕乎乎，神思恍惚，做不出任何反应。这道激流，这股潮水，这场雪崩，这种江湖骗术让你发痴，让你迷失了自我。

你这下着道了！你本是什么也不打算买的，你本是笑眯眯地走进那里看看的。可是你看那块博斯查拉绣片的目光太大胆了。你上当了，完了！

你问："多少钱？"

"嗯，嗯，这个，这个，这个……嗯，四百法郎吧，先生！"

你也"嗯"了一声。可是你那声怀疑的"嗯"更是一个错误，于是那些商贩便演起戏来。有一个充当法国人，其余的人就张大眼睛，充作被嘲笑的对象。不过说法语的那位先生的闸门开得有些勉强：松口了！

"是啊，先生，四百法郎，您就拿去，我说话算话！这可是只给您一个人，谁叫您是我的朋友呢？（四个钟头之前，你还在佩拉找一间房子。）因为您是朋友，而且，我看得出来，您是行家。来这里的人哪，大多数都是傻瓜！（这下我慢慢得意起来了。）我当然愿意把东西卖给行家啰！我想跟您做成这笔生意，让您高兴，下次再来！我想跟您做成这笔生意……因为今天是礼拜六……

是关门生意！……因为今天是礼拜天，我就喜欢在礼拜天亏本卖，因为这让我高兴。礼拜天我大打折，亏本卖！……因为今天是礼拜一……是开门生意——因为今天是礼拜三……我们私下说说，这是淡季，什么东西也卖不动。您看我的账簿（他拿出一个什么也没记的本子给你看。）啊，先生，灾难哪！都礼拜三了，一笔生意都没做！先生，先生！您看看这料子（你拿近点看看），摸摸这丝绸（你把它抓在手里），掂掂重量！先生！"在扬起的一片尘土之中，人家把一大包东西塞到你手上。

接下来，他又说：

"我以脑袋担保，以名誉担保！先生，您到整个巴扎转转，要是还找得到我这样的货色，我就把钱退给您，东西也白送给您，我就认赔！拿着！（这时他在你耳边悄声说）我刚才跟您说，四百法郎，我兄弟——他们几个就是我兄弟——都不知道，他们听不懂法语；要是知道了，他们会发火的。天知道他们会怎样对待我，少不了骂我一顿！"

再下来，他又很英雄地说：

"管他呢，骂就骂吧，先生，有些日子我们也太饿了！"一个钟头以后，你夹着付了一百五十法郎的小包走了。可是你心里充满了悔意，因为当你从钱包里拿出那些明晃晃的路易时，你看见他们的眼睛惊喜得发亮。"蛮子"市场的这些蛮汉不可能把戏演到底。他们一看见金币，就像狼一样扑上去。

就这件事，奥古斯特说了这番沉重的话："这些家伙太饿了，我想他们是渴望用黄金来填饱肚子吧，就像在布尔萨，我们出门后我那张床上的臭虫！"

这是巴扎的一角。这个角落里全是希腊人，土耳其人不能进来。

这个角落腐烂了。总的来说它还算诚实，"知道"自己卖的是什么东西。

两处仙境，一个现实

星期天晚上，在那不勒斯，三万大军登船开赴的黎波里（Tripoli）[1]。在一群爱国热情激动起来的西方人中间，这些回忆从太早的遗忘中突然冒出来，在我心头涌现……

暮色四合。在这个时刻，空气中仍然充满了日光强行填塞的分子，所以夜色并不黑，而是灰蒙蒙的。星辰像鼹鼠一样在天上眨眼，月亮迟迟不肯露面。我们并不指望从这个时刻得到什么。然而，轮船被博斯普鲁斯海峡的凛冽寒风抽打着，驶向斯坦布尔。我们是从斯塔库里一个大公墓来的，在那里，我们在茂密的飞帘草中间行走，双脚已是疲累不堪。我们出席了"号叫苦行僧"的火刑法会。然而关于这个时刻，我不会说什么，因为我还没有将之了结。

轮船从令人震惊的朵尔玛巴切皇宫（Béchigtache）[2] 前的宽

---

[1] 利比亚首都，1911 年曾被意大利占领。

[2] 朵尔玛巴切皇宫，Dolmabahçe Sarayi，是最大的苏丹宫殿，位于博斯普鲁斯海峡的欧洲海岸上，由苏丹阿卜杜拉·梅吉德下令修建。1908 年，青年土耳其党推翻苏丹政权时，皇宫遭到破坏。这发生在柯布西耶此次游历的三年前。

阔海面上始航，青年土耳其党[1]啊，这是多么不幸的开端！可那是什么？在斯坦布尔的山冈上，悬空挂起一串串闪闪夺目的项链。上面，隐约看得出是一个大理石的尖顶，下面，暮色中显出一抹长长的水彩颜料的白色。此刻，我们进入了金角湾，空气变得和缓，我们避开了海峡寒风猛抽的耳光。风是从大草原吹过来的，那里有狼群出没，还有长着金发的西米里族人（Kimris）。

天气温和，周围一片土耳其式的安静。这是最后一班渡轮，对面，是暗色的佩拉那让人心痛的荒凉。那片黑色之中，像筛子似的漏出星星点点的亮光。在整个斯坦布尔山冈上，那一根根大理石的纤瘦脖颈周围，都挂着光的项链。它们闪闪发亮，就和清真寺圆顶下的小夜灯一样，排成一长串，轮流闪闪灭灭。它们是金色的，一共四排。就在我们行走期间，夜色变得浓黑澄澈。金与黑，是何等优雅的颜色，又是多么强大的力量！显得多么安详！再也看不到别的颜色，也听不到什么声音。这是怎么回事？原来是土耳其人在过节。我们知道，此时此刻，在清真寺里，一些土耳其老人跪在地上，做祈祷，或是讲述、聆听历史。他们有时穿着粉红的长袍，但更多时候穿的是黑袍；在一片白色的头帕之中，也有几个人扎着绿色的头帕。

我看明白了。在远处的右边有六处三串灯链叠挂在一起，因为这是艾哈麦德大清真寺。那个威严雄壮的四边形建筑，四个角

---

[1] 青年土耳其党，20 世纪初土耳其的革命政党，1909 年领导了土耳其资产阶级革命，推翻苏丹政权，1926 年解散。

上的飞马好似从天而降，四个角相距很远，那是圣索菲亚大清真寺。努里奥斯曼清真寺使巴雅齐德清真寺变得模糊起来。接着苏莱曼清真寺四个尖塔上的灯链，勾勒出该寺那谜一样的外形。当然隔很远透视，只能看到模糊的轮廓。我在不经意之间，分辨出了什赫萨德、麦哈麦德苏丹、萨利姆苏丹清真寺的轮廓。正前方，桥头，瓦利代清真寺 [1]（Valide Djami）的尖塔也在闪闪烁烁。

　　凌晨四点，横跨斯坦布尔与佩拉的新桥上飘过一团团浓雾。它们不是蓬乱的、撕裂的，就是歪歪斜斜的。雾团上面是白色的，下面灰暗浓厚，密不透光。金角湾也许被水汽遮住了，看不见。厚厚的雾幔飘移着，逐渐变得稀薄，藕断丝连，成为云絮。接着，一团团厚实的、晦暗的、浑圆的绒毛又从天而降，漫漶开来，阴暗了一切，遮蔽了一切。因为浓雾，清晨四点的天色比夜里还要晦暗。雾团又变得蓬乱，雾幔又扯得歪斜，逐渐成扇形散开，上明下暗。这是氤氲蒸腾、翻滚而上的云气。我来到四面敞开的趸船上，船边没有栏杆，下面，直落落的，就是汹涌的波涛，让人几乎发晕。我听见下面传来一些叫喊，接着看见船帆驶过，桅杆斜拉着，巨大的帆篷在风中鼓荡。在雾幔间隙，只见两支由小船组成的船队，张满风帆，一左一右，从趸船之间驶过。好几个钟头里，我看到了一些不成功的操作和惊人的举动，听到一些雄浑的叫喊。那些桅樯、绳缆、帆篷不断地从眼前滑过，驶入那密不透光的世界。慢慢地，

---

[1] 即耶尼清真寺，Yeni Camii，意为新清真寺。——编注

太阳出来了，照着雾幔。可是雾气反而变得更加浓厚。于是太阳将雾幔撕成更多的碎片，在它们身上掏出一个个深洞，终于取得了胜利。可是落败的雾气退到金角湾腹地，死死地揪住墓地的柏树来稳住阵脚，收拾起所有的残兵败将，气势汹汹地准备卷土重来。

　　蓦地，我瞧见了瓦利代清真寺，那座清真寺黑黢黢的，完整地立在桥头。接下来，它又消失在雾中。接着，我举头往上望，看见阴森的谜一般的苏莱曼清真寺，它在雾海缝隙里一闪而过。接下来，左边的橹桨之林先被太阳染成橙红色，又被水雾淹没。阳光步步逼过来，战斗更加激烈，雾团开始乱了阵脚，船只一直想冲出重围。这时我们感觉到马尔马拉海这边水面的潮湿气息。我们看到帆篷抖索着往上升，撑出一个个好看的三角形。航道上，千帆竞驶，百舸争流。在那些大小如荷马史诗《伊利亚特》里描写的船舶的小船上，常常只有一个男人驾驶；他打着赤脚，将舵把夹在支撑全身的两腿之间，双手操纵帆缆；这时一股歪风斜吹过来，把巨大的帆篷吹偏了，打在桅杆上砰砰作响，他一个箭步冲上去，一把稳住帆篷；接着他又抓住一根长杆，使出全身力气，抵着别的船，把自己的船撑开前行。在我们看来，这一套动作真是前所未见。

　　雾海茫茫，风起云涌；一团团雾气之间不再出现裂缝。雾海深处，阴气森森，雾气随着船只一起飘移。阳光使出浑身解数，再也无计可施。瓦利代清真寺露出它那永远是黑黢黢的真容。从佩拉这边望过去,一片茫茫都不见,然而,雾海上面却是满天红霞。就在我观赏这令人难忘的美景之时,有数百只船舶从我面前驶过。苏莱曼清真寺披着嫩红的霞光,突然从阴暗的背景上浮现出来。才片刻工夫,它就在粉色纱罗上抹了一层天青,旋即,又把花岗岩的冰冷变成了大理石的晶莹。它时而消失,时而复现,整个氛围是一片绚烂的粉红。大海露面了,彩色出现了,尽管还是很苍白。我们看见船只远远地投入了这种欢乐。这一幕场景加快了演进速度。目击者越来越多。瓦利代清真寺摆正了姿势。我们看到了优雅的吕斯泰姆帕夏清真寺(Roustem-Pacha)[1]。我从未见过苏莱曼清真寺有这么高。有人也许认为它一夜之间移到了山上,荒诞地变高了。

我转过头,在一片翻滚着蓝色和珊瑚红泡沫的海流之中,冒出了热那亚人的塔楼,怪异的场景。它斜着身子,靠着一座带烟囱的高屋的肩头,它是一根圆柱,没有窗户,戴顶凸出的帽子,像机械零件一样闭塞、迟钝和坚硬。看上去,整座阴暗的粗大塔楼就像一条可悲的装甲舰。我觉得依稀听到了海妖的叫声,预感有什么灾祸要来了,因为我有点魂不守舍了。

有一大片彤云驱散了幻影。不过幻影复来,然后又消失了。接着一轮红盘清晰地显现出来,射出炽烈的光芒,穿透重重云雾,大获全胜。清真寺的表面变白了,斯坦布尔看得见了,热那亚人

[1] 吕斯泰姆帕夏清真寺,Rüstem Pahsa Camii,由锡南设计建造,以其优雅的瓷砖著名。

的塔楼毫不客气地骑在佩拉肩头，阴暗的肩头泛出一线橙黄。

当最后几片雾幔还在飘移的时候，我以为自己从梦中醒来了。帆船不见了。一艘汽轮从斯库塔里驶来了。浮桥又合上了。斯坦布尔的乘客，那些菜农和挑夫像潮水一样涌过来。小毛驴驮着用葡萄叶包着的西红柿，一颠一颠地走来了。苦力们背着重负，汗流浃背地拥挤着。他们可笑的套裤上起了无数皱褶，颤抖着两条纤细的腿杆子，走进了加拉塔街区这个漏斗形的地区。在那里有一条街，有阶梯通到塔楼附近。

这是个现实，而且是不可抗拒的！于是我们就出发了。我们离开了已经被征服而且爱上了的城区。人家给我们二十四小时的缓期，也就是说，人家让我们在黑海出口忍受四十个"青年土耳其女人"的吵闹。这是一条俄罗斯大邮轮，船上坐满了朝圣的黑人、逃避迫害的犹太人、波斯人，以及一些从高加索来的人，他们穿的衣服像戏服，但质地要好得多。

我们得重新渡过君士坦丁堡宽阔的海面。这是个阳光灿烂的下午。在博斯普鲁斯海峡碧绿的两岸之间，轮船犁开的水浪把我们的目光和忧郁带往在波浪中载沉载浮的小木船。一些帆船是幻影的前兆，在我们前面起起伏伏，把我们引到一片开阔的水域。在那里，在令人难忘的景物之前，亚洲突然离欧洲而去。阳光在斯坦布尔后面照耀，使之成了一块耸立在天地之间的巨石，而颤动的光亮则在水面给它垒起一个白色的基座。千帆从基座前驶过，不声不响的邮轮在这里锚泊。置身船头，透过柏树和无花果树丛，看得见层层叠叠的宫阁屋顶——那是充满诗情画意的宫殿，建造得那么精美，你休想在别的地方见到。你知道的那一长列建筑就是由此开始的。逆光望去，海面上光雾腾腾，水汽袅袅，一直弥漫到远处天际上光雾笼罩的米里马帕夏清真寺的剪影。这么和谐的景色，我认为没有机会再见第二次！

我们很快就驶过海峡。从这里开始，我只愿意往蔚蓝的海水里张望。在那水下，轮船的阴影划过无法探测的深度。对我来说，这就像撕开了遮掩着我的小神庙的帷幔！

柯布西耶在东方旅行时，笔记本上做的记录

克尼热男士户外用品店（Knize Gentleman's Outfitters），
维也纳。阿道夫·卢斯（Adolf Loos）设计

柯布西耶在维也纳居住的旅馆

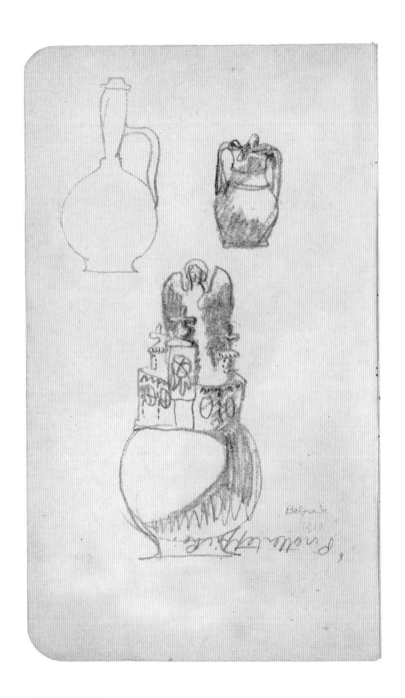

巴尔干地区的陶器

大特尔诺沃，保加利亚

加布罗沃的教堂，保加利亚

带有喷泉的庭院，保加利亚

阿德里安堡（埃迪尔内）的商栈，土耳其

马拉马拉海上的帆船，伊斯坦布尔

伊斯坦布尔，远处水平线是马拉马拉海

瓦伦斯渡槽，伊斯坦布尔

从塔克西姆眺望斯坦布尔，伊斯坦布尔

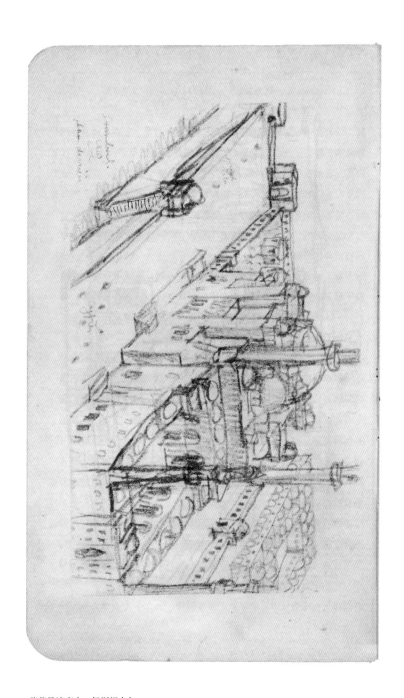

苏莱曼清真寺，伊斯坦布尔

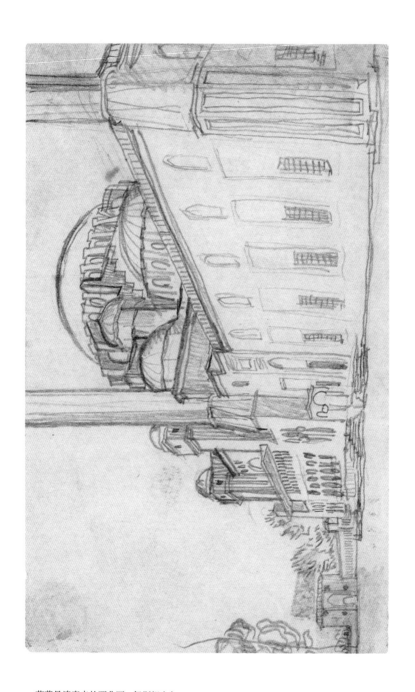

苏莱曼清真寺的西北面，伊斯坦布尔

"可纳客"（土耳其木屋）伊斯坦布尔

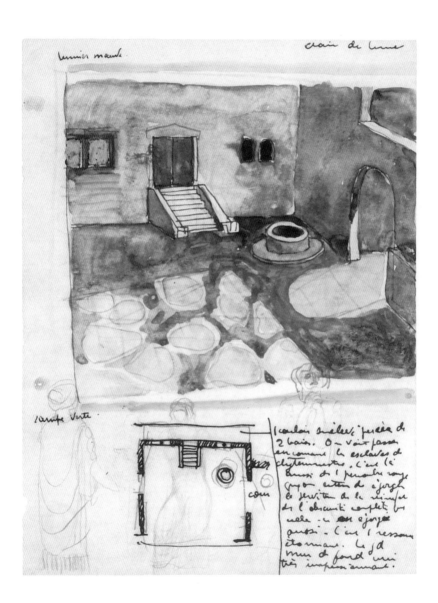

庭院，伊斯坦布尔

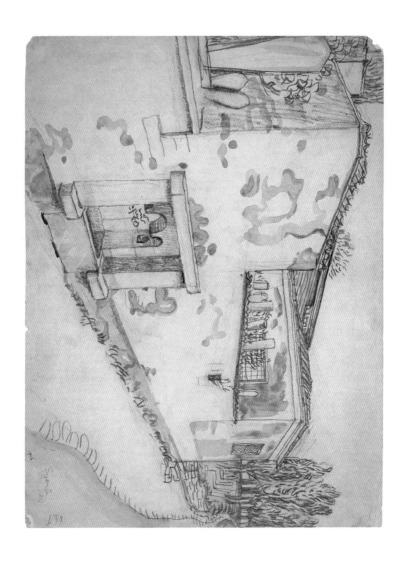

埃于普的小街，伊斯坦布尔

le café de
mahmud Pacha

穆罕默德帕夏清真寺附近的咖啡馆，伊斯坦布尔

耶希尔墓地（Yesil Camii，绿色墓地），布尔萨，土耳其

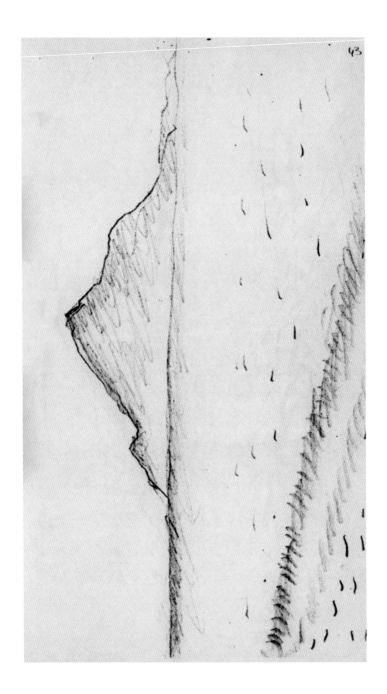

圣山，希腊

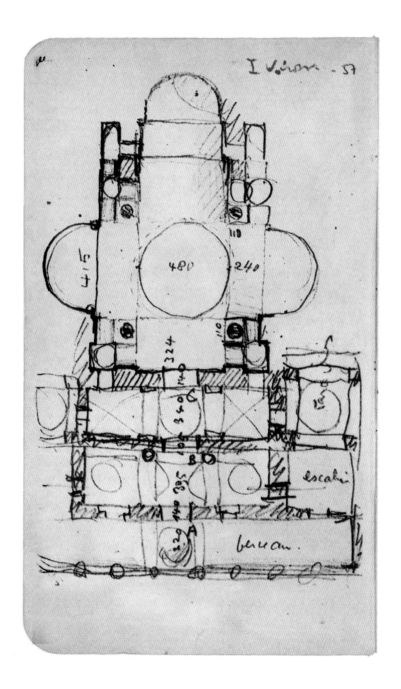

伊维隆修道院平面图，圣山，希腊

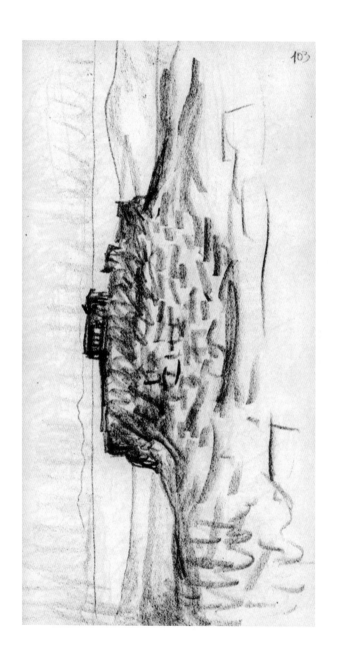

卫城，雅典

帕特农，雅典

帕特农，雅典

卫城山门平面图（上）、正立面图（下），雅典

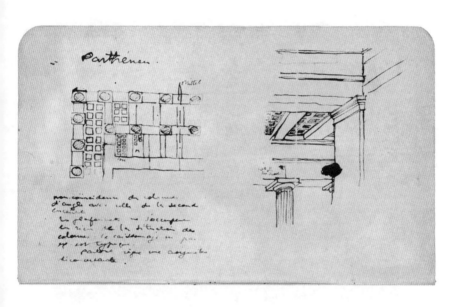

帕特农外廊细部，雅典

卫城，雅典

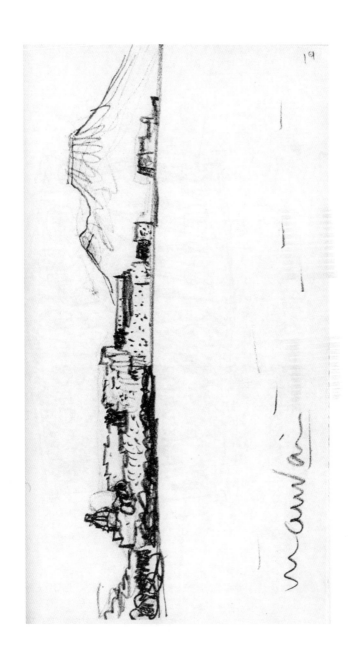

从那不勒斯湾眺望维苏威火山，意大利

庞贝朱庇特神庙，意大利
庞贝的广场。意大利

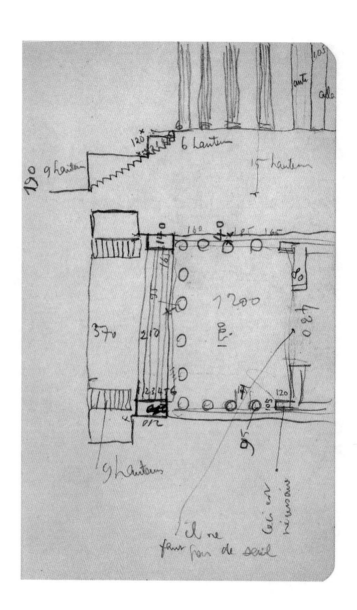

庞贝朱庇特神庙平面图、侧面图，意大利

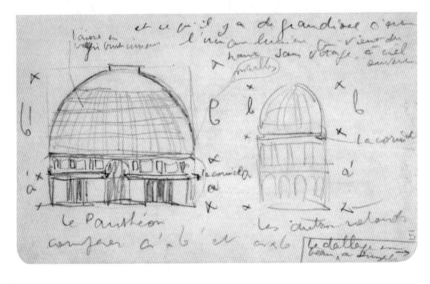

上图：罗马圣玛利亚高斯梅丹教堂，意大利

下图：罗马万神庙，意大利

斯坦布尔的灾难

　　噩梦终于结束了。真是悲惨的一夜！烈焰冲天，有人惊恐万状，有人镇定异常，有人大呼小叫，有人直掉眼泪，这一切组成了惊心动魄的一幕。而别处，管乐齐鸣，张灯结彩，鞭炮阵阵，人们照常过节。早上九点，天已大白，我从窗户往外望。远处的斯坦布尔平平静静，没有任何变化，艾哈麦德清真寺和苏莱曼清真寺一如既往，尖塔直刺青天。

　　看不到半点异样的东西，然而有九千座房屋化成了灰烬。

　　昨日，我们在斯坦布尔对面，在佩拉与"甜水湾"（那已是属于欧洲的部分）之间一块偌大的高地上。那里，没有一棵小草不逗人喜爱。这是宪法日，"青年土耳其"成员成群结队上街看阅兵。在队伍踏出的滚滚红尘之中，是用贺德勒的节奏表达的拉菲特[1]的梦想。很像在德国城市耶拿的粉墙上，全副武装的大学生排成长列，队形紧密，走向远方。

　　军队过去了，下面的队伍出人意料，是消防队员，他们全套

---

[1] 奥古斯特·拉菲特（Denis Auguste Marie Raffet, 1804—1860），法国画家，作品多表现革命士兵和帝国的老兵。

装束，人数有数百之多。我们都感到诧异，在这样一个日子，叫他们来干什么呀？然而，在这个时时发生阴谋与偷袭的国家，这却是反动派报复的绝佳时刻！我们前天在斯坦布尔跑了不少地方，在引水渡槽那一边，有一大片荒野。两年前，在那块地方，就发生过一次政治报复。

而今日，就在君士坦丁堡的消防队员参加节日阅兵的时候，在只有几个钟头路程的斯坦布尔，就有三处地点可疑地起了火。

白天阅兵看累了，晚上，我们就关上百叶窗，在屋里看书。一个偶然事件又使我们来到窗口，贴着玻璃看外面：一大片黑烟笼罩着斯坦布尔，参谋总部大楼火焰腾腾。街上，一队队"志愿消防员"光着脚丫子，大声喊叫着，像疯子一样狂跑。我们穿好衣服，赶紧下到埋葬死人的小田园，穿过加拉塔街区，来到金角湾的浮桥上。对面无数木屋掩映在绿色之中，层层叠叠，依山而上，托起斯坦布尔这座山城。在这片青黛色的背景上，只有清真寺和几座政府大楼点染出几块白色。人群拥到桥上，朝着火地点奔去。有人已经感觉到一场巨大灾难。

我们沿着巴扎附近弯弯曲曲，两旁开满店铺的街道向上走。一道带着炭灰的黑水往这里流，一队挑夫和小手艺人也挑着家具工具往这边走。他们没有半句怨言，只是喝叫着让大家闪开。看热闹的人群直往上拥，警察却还没来得及组织起来维持秩序。这边的街道已经被封锁。两边的房子都着了火，火焰舔着棚户区。在所有邻近的街道，店铺都空了，商品已经转移到安全的货栈，或者某座临时改作货物贮藏点的清真寺。店主与朋友们蹲在店前，一边吸烟，一边注意着火势，随时准备弃店逃走。

大火是在三个地点同时烧起来的。首先是国防部周围的政府大楼，接着是与之毗邻的瓦利代清真寺街区，最后，就是离得很远的什赫萨德清真寺附近那些地道土耳其风格的街道。那里是棚户区，住了几千个小手艺人。三个地点势同三角形。本来巨大的三角已经闭合了，可是夜里风助火势，把三角的一边一直推到穆罕默德苏丹清真寺，另一边推到威尼·卡彭（Veni Capon）街区的海边，成了一个面积达二百万平方米的梯形！

我们来到巴雅齐德苏丹广场。三个地点的大火已经连成一片，我们不免担心大火会烧到巴扎。如果真是那样，就会留下一片可怕的废墟。店主们一个个赶来了。店铺里渐次亮起灯光，店内的商品都堆到门口。骑马的警察率领一队队挑夫赶来了，把商品运走。一些满载的大车从街上驶过，拉车的不是木无表情的老牛，就是不肯前行的惊马，路人常有被马车碾压的危险。

大火向前蔓延，从两头吞噬一条条街道。一座座房屋都搬空了。小手艺人们继续在搬家。这个人弯着腰，背着一面巨大的镜子，那三个人抬着一只装满衣服布品的大柜。另一人，是个木匠，背着他的工作台，几个儿子背着木板，跟在后面。一些戴面纱的女人哭哭啼啼，拖着叽叽喳喳说个不停的小家伙，慢吞吞地逃离街道。有一座房子眼看就要被大火烧着了，从屋里却抬出一个已经入殓的死人。六条汉子混在人流中，低着头，抬着棺材一路小跑。他们准备把这不同寻常的盒子停放何处呢？

　　看热闹的人群不急不忙，挤满了街道，妨碍了这群被大火烧得心慌，直想抢救出自家衣物用品的可怜人的行动。在场的那么多无所事事的人，却没有一个生出同情心，萌发互助意识，做出慷慨的援助之举。这些穿着黑丝长袍，扎着白头帕的土耳其人都只是神情凝重地看着。广场上的咖啡馆人满为患，滚烫的炭末灰烬满天飞，躲在大树下面，也没法避免这场火雨的袭击。临街的店铺趁机大卖柠檬水、加糖饮料、冰淇淋和水果。此情此景，就像一座大剧院幕间休息的时候，尽管上演的剧目是首场，但是观众却无动于衷，对这一切提不起兴致，因为若干世纪以来，斯坦布尔就是这样经常发生火灾的。水天交接处的天空原本是黑色的，刚才显出了一丝祖母绿，现在又变成了深蓝，就像一组最蓝的海浪，被万顷碧波淹没。巴雅齐德清真寺的尖塔和圆顶被大火的万道金光衬托，辉煌地耸立在地平线上，显得和谐壮丽，无比庄严。透过浴着火光的前景，披着金色的烟霞，一些别的清真寺的尖塔不时地显现出来，它们被火光照得一片雪白，就像烧成了白炽状态的铁块。

一股股热浪像魔鬼一样狂舞着，给几百米外带去毁灭。人们没有恐惧的感觉，因为看不到任何抽搐的面孔，听不到任何凄惨的呻吟，除了负载过重的挑夫骂上几句，再也听不到别的叫喊和诅咒。没有人朝天挥击愤怒的拳头，他们都被一幕幕惊心动魄的景象震慑了。这是一幕长留记忆永不磨灭的壮景。他们的注意力都被一幢幢房屋燃起的冲天火柱吸引了，心灵受到震撼，想不起要掩饰对这幅壮景的欣赏态度。他们寻找好看的景观，评说清真寺的尖塔和圆顶突然出现的奇幻色彩，他们一直渴望发现君士坦丁堡的伟大与神奇，今日终于见到了一部分。一丝拜占庭专横的疯狂与一种宿命的犬儒主义快感杂糅在一起。火光映衬着清真寺的圆顶，使之看上去像火海上升起的一个黑盘子。人们从一个点跑到另一个点，为的是观看那黑圆盘与对面方尖碑庄严的身影组成更和谐的奇景。他们围着一个巨大的火盆兜圈子，就像围着一座雕塑转圈，从不同的角度观赏。他们在火星飞溅的木屋前驻足，就像在一幅画作前停步，寻找最佳的观赏角度。天文学家从这三根挟带炭灰火烬的粗大烟柱，也许可以看到几条崭新的荒诞的银河。这是对快乐的颂扬！何等的快乐啊！

我们缓缓地朝金角湾走去，在桥上观赏了清真寺的胜景。它们浴着金黄和暗红的火光，宏大庄严，露出几分奇幻和疯狂的色彩，似乎比日光下大了上百倍。然后，我们重上埋葬死者的小田园。

那里，在僻静的褐沙之中，露出几座新坟。从我们所在房屋的平台望出去，场面增阔了不少。这次金角湾也着火了。（可恶的地方，总是这样麻木！）火就像熔化的金属，流到哪儿，哪儿腾起烈焰。斯坦布尔受到了保护，火流把那根黑色的烟柱带走了。平时在山顶，透过层层叠叠的屋架，可以看到一望无际的马尔马拉海和亚洲的山峰。现在，那里成了烘烤这个巨大牺牲的火场。苏莱曼清真寺和什赫萨德清真寺用它们黑糊糊的尖塔，串起这块火红的肌肉。左边的巴雅齐德清真寺，右边的梅米特清真寺都受到炽热的抚摸，变成了晶莹的建筑。它们的尖塔变得雪白而神秘，隐没在云端。它们标出了令人难忘的大祭坛的两边……须知它们间的距离有两千多米！瓦伦斯渡槽似乎想用无数拱洞把它们串接在一起，此刻的情形，就像有无数团火焰从着火的大船舷窗里喷出来。

　　凌晨一点。风把大火推到更远的地方。粗大的烟柱带着火烬在空中笨拙地旋舞，慢慢迟缓下来。我们观看着这惊心动魄的一幕，这使我们的理解力不起作用的一幕，只是傻傻地看着，心头生出无限伤感。我们恐怖地看着疯狂的火龙东奔西突，只能不停地叹息："可怕呀，可怕！……"

乱糟糟的，回顾与遗憾

在土耳其的行程结束了，可我还什么也没说！甚至一句也没有提到土耳其人的生活——一句也没提！因为要说就长了，得写一本书。我们在那儿才逗留了可怜的七个星期，尚不足以登堂入室，一窥全貌。因此，在这方面我就未置一词。相信我，我写的东西是挂一漏万。不过，谈论斯坦布尔而不提那里的生活，无异于抽走了我给你提到的事情的灵魂。可我之所以这样做了，告诉你那种生活与那个环境是多么协调，是因为我还有机会给你说说那里的可怕灾祸，说说无法避免地将把斯坦布尔毁灭的灾难，即青年土耳其党的执政掌权。我觉得今年已是君士坦丁堡的垂暮之年了。

此处是一些零散的笔记，以弥补遗忘，是一些回顾，一些遗憾。

一座天主教的圣所，对我们的种族来说起不了作用了，只在一些流浪的梦想者心目中，它还能抚慰一些灵魂。因为墙上的涂料年代太久，已经发黑，因而室内光线黯淡。为数不多的虔诚游客在这个圣堂里看到一面放在暗处的圣像屏，上面刻着在十字架

157

上受难的基督，以及显圣的基督；圣像屏中间，火红色的天上，有一个天使，在向一位浑身战栗的处女通报救赎的到来。这就是布加勒斯特大主教教堂里的《天国》。

我有时提到了我可敬的游伴的一些话，不过，我并没有描写过他。这里我要写一写他：他祖籍是弗兰德，不过迷恋现代巴黎时尚。他发"B"音的时候，舌头抬不起来，因此发出的是"P"音，由此可以听出他是哪里人。在精神上他是个富翁。这里有几件小事可以看出他的为人。他有胆量喜爱约尔丹斯、布劳尔和范·奥斯塔德[1]。他说：

"真希望他们还活着！真希望他们还能喝酒，欢笑，吃饭！"

有些日子，我们手头拮据，只能吃黑面包度日，他却不见了人影，原来他是偷偷跑到街角上，买雪茄抽。他以为自己要饿死了，因为我们喝不起咖啡啤酒了，只能喝白水。还有一个流露本性的例子（有一回我们是在长椅上过的夜）。他醒了，站起来，转了两下惺忪的睡眼，久久地盯着我，过了好一阵才清醒，天真地说："没准可以喝杯啤酒！"就好像他的长椅下有一桶啤酒似的。还有一件事：（在佩拉）他的床上又有臭虫，咬得他睡不着，到了半夜三点，他跳下床，点燃大蜡烛，要来烧臭虫。他怒气冲冲地举着烛火一个劲儿地追，那些扁平的小虫子则四处逃，甚至躲进他的长指甲缝里（因为他爱时髦，这个艺术史专家，理论家！）。

---

[1] 约尔丹斯 (Jacob Jordaens, 1593—1678)、布劳尔 (Adriaen Brouner, 1606—1638) 和范·奥斯塔德 (Andrien van Ostade, 1610—1685)，荷兰画家，均以描绘节日里嬉戏的农民著称。

他便把指甲移到大理石桌面上来摁，臭虫往外逃，被他捉住，用蘸水鹅毛笔串起来烧烤。臭虫的尸体浸在蜡烛烧融后滚烫的羊油里，次日就成了土耳其的名特产果仁奶糖。奥古斯特忙得一头大汗，杀戮完成后，他却只能说："啊唷唷！绝对应该把它们卷起来做烟抽！"

他叼着那个"奶嘴"，开心地看着冒出的轻烟，回想着刚才的杀戮，又心满意足地睡着了。

还有一个例子：他是个可爱的加斯科涅（Gascon）[1]。他有些惊人的思想，行为也与众不同，引人注意，这说明他有着不同寻常的想象力。勃纳尔老爹有个侄子，最远的地方只到过开罗，他就告诉此人，在我们家乡，冬天下起雪来，有二十米厚。二十米啊！那侄儿惊得只抽冷气，差点感冒！……还有：

"是啊，有一天，在佛罗伦萨，——顺便说一句，佛罗伦萨人从不洗澡！——证明就是，这天，我在韦基奥大桥下洗澡玩。一大群人从栏杆上探过头来，看我的稀奇。好，你们要稀奇就稀奇个饱吧，我索性在河中间脱光衣服，不慌不忙地点支烟吸起来。"

至于奥古斯特的模样，那就是一座苦行僧的雕塑。——他要找房间，在佩拉转了一整天，当他瞟着最后几个"房间带家具出租"的招贴时，那扭着脑袋的憋屈样子，就像是一条装在篓子里的鱼。吃饭时他带着公猫睡眠中的自信，和母牛饮水时的认真。约尔丹

---

[1] 法国省名，居民好说大话，因此得名。

斯、布劳尔！奥古斯特，我会恳求拙著的出版商，从这组文章里，抽掉这篇揭人隐私的文献！

东正教前匈牙利—瓦拉几亚教区大主教格纳迪亚阁下（他在某种意义上就是这两个地区的教皇）接见我们时，并不做餐前祷告。他谈论艺术、政治、经济和社会，一心想的是营造最令人愉快的气氛。他的面貌很像鲁本斯笔下的"俊美的畜牧神潘"，而餐桌上摆满了百合花。那天在布加勒斯特我们乘坐内政大臣的专车，参观了一个又一个修道院。士别三日，当刮目相看呀！

有一天，吃过晚饭，我们探讨布加勒斯特的哲学。我和奥古斯特都同意，作为宗教，新教忽略了教职人员一种肉欲的需要。其实人心底充满了这种需要，这是他的动物性，没准也是他最上层的潜意识的一部分，他只是几乎没有意识到而已。这种肉欲麻醉或者逃避了理智的控制，是一种潜在的快乐之源，是套着你、强拉你去体验各种快乐的颈圈。龙沙[1]喜欢天主教，因为他认为这个基本信仰是不可缺少的。他曾多次说过：他如果放弃天主教，那绝不意味着他不信教了，而只意味他去了野蛮人，"那些无忧无虑，只守自然法则的人"那里，因为我们这些人，都被我们道德上的可怕苦修折磨坏了，其实我们的道德笨拙得很，心胸狭窄。

在佩拉，东正教徒出殡时，并不将死者盖住。苍蝇在死者上面嗡嗡乱飞，阳光下，死者的面孔显得特别灰白，让人看了恶心。

---

[1] 皮埃尔·德·龙沙（Pierre de Ronsard, 1524—1585），法国诗人。

我每次在那里看到发丧的队伍从旁边经过，就感到气愤、厌恶。为什么要炫耀这种恐惧？是想让沿途遇到的每个人都想到自己有一天也会死吗？难道不更应该宣传生存的快乐？我认为，利用地球的有益条件，快乐地活着，和谐地生存，才是我们该做的事情。其他事情就不用费心了。哪天死神来找我们，就乖乖地跟它走，因为它比我们强大。不过在动身之前，至少要收拾打扮一下，即使为了动身，也得有个好看的脸色！

现在我要说的话不是自相矛盾，就是自我补充：农民艺术其实源自城市艺术。前者属于后者，或者说是后者的附加产品。它是个混血儿，一个俊美的混血儿，脸蛋模子总是让人动心，而且，不管怎么说，身材是高大强壮的。原始艺术是它的先驱。好在农民创作的时候，成了不折不扣的野蛮人。不过他的趣味不对，又傲慢，又懒惰。所以他的表现手法、词汇，都是从城里偷来的，加进一点稚朴和无意识，就成了他自己的东西。其中不由自主，甚至几乎是挣脱控制迸发出来的，是一种自然的力量。这是很奇特的力量，它给我们带来一些充满了笨拙和不规范手法的作品。在我们这些变得高雅的人看来，笨拙是很美丽的东西。你看罗马尼亚平原的农舍，它们有一种让人目眩神迷的光彩；粗涂的灰泥层是白色的，台脚是深蓝色的；墙角上画了或者塑了壁柱饰图案；窗户上安了柱子，或者上了三角楣，全部漆成鲜艳的蓝色，有时还用一种耀眼的黄色来衬托。这都是古典的建筑元素，可是用得都不合规矩，因为柱子下面没有基脚，上面也没有顶盘（雕花的装饰）。柱头既是柱脚又是顶盘。因为即使"词汇"是城市的（布尔乔亚主义不正常的精神就表现出的这种认识），灵魂、意欲、手工也是野蛮人的。这是在一个春日疯狂地赶刷出来的，因为忙活一天之后，农民这一年就有了个节日的气象，有了个快乐的五颜六色的临时祭坛。他觉得体面，就像国王住在自己的宫殿一样。这样一来，野蛮就用艳丽的色彩把自己遮盖起来，并且努力在农民周围表现出美丽。

这就是说，城市不应该变回乡村，否则，就是削足适履，适得其反。

城市应该自我延续，不断再生，为了自己，它必须这样做，再说，它也只能这样做。

顺便说一说在巴尔干使用的有篷马车和别的有动力的大汽车。在什普卡村唯一的一辆有篷马车上颠簸两个钟头以后，我们到了卡赞勒克，发现原来的满口好牙都掉落了，正想责问车夫，他却发现车上的长椅被我们（更确切地说，被我们的股骨）磨出了四个洞。于是，权衡得失之后，我们紧紧握住马夫的手，给了他四个铜板，好让他去买弹簧。还好！奥古斯特想到在大特尔诺沃被理发师[1]拔牙的经历，感到不寒而栗，相比之下，这一次牙齿掉得痛快，没有丝毫痛苦……

---

[1] 旧时欧洲很多地区理发师兼作牙医。

在一些人——一些普通民众，甚至上流社会人士——的观念里，一个正在街头绘画的画家有点像电话亭、报亭和气象柱，属于街头的公共建筑。人们会过来围观。一大群人甚至不经思考，就说这也不行，那也不对，作为画家，必须忍受这种十分难堪无礼的评论。人家没有挡住你，不许你下笔，就已经是万幸了！

旅途上结识的朋友，你得给他们写信，寄明信片；你动身离去的时候，他们毫不客气地叮嘱道："还有，带些照片和小玩意儿回来！"你流了不少汗才得到快乐，还要安抚那些满怀期待的朋友。可是你的朋友扔下你，甚至嫉妒你。从他们那里你得不到一个字的回复。他们不知道你的地址，是吗？因为地址总在变动。他们的信不是来得太早，就是太迟，反正总是丢了！……啊，太太太亲爱的、总是十分忙碌的朋友！

从《旅行指南》摘引几句有趣的东西：

> 在一家镶嵌艺术博物馆，右边墙壁，镶嵌的是鹦鹉，一只野猫和一只山鸡，中间那根柱子，镶嵌的是鱼。七个哲人的聚会……

关于彭特利库斯山，书中提到，雅典卫城那些辉煌的大理石就是采自此山：

山顶上现在立着一个三角形觇标，古时候那里是一座雅典娜的雕塑。

最后，关于君士坦丁堡部分，有这样的描述：

凡是现在建有铁路货运仓库的地方，从前都是供奉维纳斯的神庙……

人类经历了石器时代、青铜时代、铁器时代，然后是伯里克利[1]时代。在他之后二千三百年，整个东欧都进入了石油罐时代。这标志着人类文明与应用技术的一个新阶段。

在东方，迄今为止，都使用古代样式的红色双耳尖底瓦瓮。有几个妇女顶着瓦瓮从泉源汲水回来，还是《圣经》里的以斯帖那副神态。不过现在这样的人已经不多了。带有木头提手的十升白铁油罐，使古老的制瓮技术进入了灭绝之路。白铁罐比瓦瓮坚实。民众并不耽在绿洲逗留，守着富有诗意的暮色遐想。因此，再过两千年，在三米厚的腐殖土和瓦砾之下，人们将出土无数器物。不过不会是陶器，而是带有巴统（Batoum）[2]石油商标的白铁罐。在竞技场下面还会出土一些来自德国的金黄色贝壳玻璃器皿，和

---

[1] 伯里克利（前495—前429），古希腊政治家，雅典卫城与帕特农神庙都是在他主持下建造的。

[2] 格鲁吉亚城市，以提炼石油著名。

一些留声机唱盘。另一方面，谁说不会出现某个心高气傲的家伙，硬要与在庞贝城发掘"金色丘比特之屋"的人比一比，在北欧住宅的墙壁之间也发现一些威尼斯制造的土耳其板凳，或者在一个被普伊莱尔山（Pouillerel）[1] 的熔岩完好保存下来的混凝土楼梯间里，发现一个小黑人塑像？那塑像上了漆，立在楼梯扶手前端，持着威尼斯制造的"雅致"牌提灯给上下楼梯者照明。

土耳其的格言：凡是没有房子的地方，就有坟墓。因此，土地都没有空着。那个国家是一片荒漠，有人住的地方，才种有树木。而与东方相比，我们国家就是天堂了。我们要砍伐树木才能清出地基建房。不过斯坦布尔是个果园，而拉绍德封则是个石窝窝。

再说说在欧洲"甜水湾"的青年土耳其党。一些土耳其人带着留声机，上了一条狭长的轻舟，听任海浪的低语和烂留声机刺耳的声音把自己陶醉。住在巴黎郊区小屋的布尔乔亚，就不知道有这样一种情调。悬铃木下开着一家咖啡馆，有个老头子没完没了地吹着风笛，一连几小时吹的是同一组旋律。此时此刻，他体现的是这个民族深沉的执著。他很快就会去世的，不过他的职务不会有人接替，因为帕代[2] 已经以胜利者的姿态跨进门来了。

斯坦布尔会消失的。因为它总是着火，又总是被重建。

瓦伦斯引水渡槽所在的街区范围广大，荒芜多年，我看见有一家"公司"（请掂量一下此词对于斯坦布尔的意义），一家"德

---

[1] 普伊莱尔山，作者家乡拉绍德封附近的山。——编注

[2] 帕代（Pathe），法国留声机商标名。

国公司"（街道两边是鲜红的围墙，沿墙植着大树，浓荫蔽日。你听了我努力描绘的斯坦布尔街景之后，这两个词的组合一定会让你战栗！）在重建该区。

我曾给你描述过那场大火。那场灾难过后，当地报纸发表的文章——幸亏你没读——竟说这是"进步"！我再说一遍：民众并不耽在绿洲逗留，守着暮色遐想！他们继续往前走！

土耳其的木屋，"可纳客"，是一种建筑杰作（泰奥菲尔·戈蒂耶在他的书里说这是鸡舍）。艺术的信条与圣父的信条一样一成不变，这下你去相信它吧！

《论卡尔普与佩彭尼斯的危机与霍乱》，这是无聊的社会经济学家写的论文题目！卡尔普是一种瓜，滚圆的，外表深绿，非常光滑，里面红瓤黑籽。佩彭尼斯也是一种瓜，不过是椭圆形的，表皮金黄光滑，瓜瓤却是金红色的，味道更香[1]。两种瓜都会引起普遍的腹泻，可是土耳其人却快乐地大啖其瓜：他们守着后宫与香瓜过日子。不过我知道他们吃瓜也过度了一点。每天早上，在金角湾，我都看见停泊着数十条黄澄澄的或绿汪汪的小船，船上满载的不是佩彭尼斯就是卡尔普。有一天，有上百名土耳其人、希腊人、亚美尼亚人或马耳他人患了霍乱这种必死的传染病。还有一次，土耳其当局每天都发布一道法令，禁止食用卡尔普和佩彭尼斯！因为霍乱严重到连远在北极的格陵兰岛居民都闻风丧胆了。后来的情形怎样呢？我不知道，因为我们溜往雅典了！

---

[1] 揣为哈密瓜。

今年 8 月 17 日，《劝世报》的排字工一定在家里洗过衣服，证明就是，18 日，他写文章庆贺维也纳的百花节，因为还记挂着家里的事儿，笔下便流出一句："流光溢彩，竞相炫耀衣物。"其实他应该写的是"炫耀奢华"。炫耀"衣物"，衬托不出玛丽·黛莱丝、玛丽·安托瓦内特，[1] 以及五月一个快乐日子里在普拉特皇宫花园小径上漫步的贵妇们的气派与排场！

我又变得认真起来。

"遇到一些游客，痛苦！"我有一天在旅途笔记本上写道。那是一些成批出游的俗物。他们显得比什么时候都粗俗，因为他们离开了自己的生活圈子，来到了极不协调的环境。与其说我们看见他们，不如说听见他们，因为他们用鞋跟来表现对自己情趣的自信，因为他们是一边大声喧哗，一边用脚步丈量艺术圣地。

他们的景仰和崇拜从来都不针对艺术家的思想。

"假钻与包金"总是强烈地扣动他们的心弦。

他们对做工着迷："多么精美的做工！""这是罗马人的做工！""完全是手工做的！"对材料着迷："没有刷漆，没有贴马赛克！"他们下结论："天啊，这可得花不少钱吧！"他们走开了："是啊，真好看！"单单遇到俗人还不算什么，只有当黄灿灿的假金子、暴发户、恶意的陈列这三者凑到一起时，才会把你气得无法自已。因为他们只被这样的东西打动，完全没有别的衡量尺度。他们只

---

[1] 玛丽·黛莱丝 (1717—1780)，奥地利皇后。玛丽·安托瓦内特 (1755—1793)，奥地利公主，法国皇后，在法国大革命中被推上断头台。

知道跟着某些理论走,只知道买这些假东西来清洗心灵,或者让自己受教育。从此公众身上就有了一个可怕的芽苞,将在民风淳朴的地区毁灭迄今为止淳朴而信教的人心,和迄今为止正常、健康、自然的艺术。我在路上见到的情况,让我对新种族的独创性永远失去了信心,我把所有的希望都寄托在那些刚开始念 ABCD,就一下跑很远,学富五车的人身上。正是为此我才认为不需要做出反应。因为净化是一种生的需要,正如人们仅仅出于生的欲望就要逃避死亡,我们也将从本世纪恢复健康,是啊,恢复适合我们情况的健康,并进而恢复美丽。在全世界,人们都在"恢复";人们摘掉了眼镜,视力恢复了。从"不战胜毋宁死"的信念中产生的青春、强健、快乐的胚芽在抗击下疳胚芽。[1]

人都贪生怕死嘛。

不过混乱是全面的,热情的偏移也是无可挽回的。我在保加利亚遇到一对法国夫妇,他们刚从君士坦丁堡回来。丈夫非常欣喜地对我说:"是啊,是有趣。可遗憾的是,街道是那么脏。"他妻子马上更正说:"不,我恰恰觉得那样才有味!"两人都下结论说,在那儿的半个月很快活。我们什么也不清楚,就问一个保加利亚人,在菲利波波利(Philippopolis)[2] 或者阿德里安堡该看什么。"先生们,菲利波波利,这是个现代城市,街道宽阔笔直,整齐干净!

---

[1] 我用了六十年时间才弄明白今日的艺术知识与趣味广泛传播是从哪个点开始的。是从平版印刷的发明进而直接而全面地运用照相术,也就是说,无须借助手工的自动化工艺。这是一场真正的革命。——作者注

[2] 菲利波波利,现在叫普罗夫迪夫(Plovdiv),保加利亚第二大城市,有不少古罗马遗址。

阿德里安堡，则是个肮脏的土耳其城市！"我们去了阿德里安堡，不过我们认为，对于明日的艺术，他这番评论也许有可取之处。

我们在君士坦丁堡遇到一个希腊牙医，他在开罗执业多年，对我们说：

"开罗嘛！比这里可要美丽一百倍！肯定啊，因为那边有英国人管理！去他娘的，那个城市就和欧洲的一样。你在那里会感到快乐，你会看到一些铺了沥青的街道。另外，城里有电车，有宾馆，比这里要大上五十倍，一百倍。你们少不了要到赫利奥波利斯（Héliopolis）[1]去转转，那里都是新房子。"

我大吃一惊，赶紧打听那座阿拉伯城的情况，那座白色的阿拉伯城，窗户上安了百叶帘、清真寺尖塔五色杂陈的阿拉伯城，还有，不久就把整个埃及都收进去的博物馆。"是啊，是啊，你说的这些我熟悉，不过开罗可不是这样！"另一方面，他还知道金字塔。

---

[1] 赫利奥波利斯，开罗城南一个古代遗址的名字，也是开罗东北郊一个阿拉伯城的名字。

圣山

　　一种令人不安的中庸让我们一天天走向老年的宽容，却错误地估计了现在的形势。是什么让人衰老的杂事占据了我们主要的精神活动，而务实的有效的活动却变得委靡不振，战战兢兢，像因为过于频繁地往身后张望，几乎把一张像罗德[1]妻子的脸转到后背？那张脸因为过于频繁地向后张望而变得憔悴不堪。然而，当我看到一些飞行员不惜牺牲生命就为了要像鸟一样满天飞翔；一些工程师们花费一个世纪心血建造的大油轮，就为了提早几个钟头渡过大洋而葬身海底；而山岭一旦打通，天堑就会变为通途，等等。我就为我这些想法感到非常羞愧，很看不起自己。

　　一场笨拙的音乐会，前面演奏的是巴赫和亨德尔的作品，末了却冒出了弗兰克[2]的《管风琴终曲》！在殴斗的主人公发出的喧闹和"吭嗨"声中，夹进了叫喊、喘气、镐头的挖掘和沉重的走步，障碍被推翻了，耀眼的灯光亮起来了！每个人都被征服了，复活

---

[1] 罗德（Loth）《圣经》人物，亚伯拉罕之侄，因得到天使警报，知道所多玛城将毁，遂带着一家老小出逃，其妻因为违反天使的禁令，向后张望，被罚，成为盐的雕像。

[2] 塞扎尔·弗兰克（Cesar Franck，1822—1890），法国作曲家，管风琴演奏家。

了，挺直了身子，骄傲则有权写上我们的额头。啊！这座通过毁灭的意愿，被过于殷勤地奉献给死亡的圣山啊！在它身上，缠人的诗意打下了那么深的印记。是啊，拳头紧握的力量，去那里吧！不是去慢吞吞让人迟钝的所谓祈祷里打瞌睡，而是去实现缄口苦修会成员的宏愿——沉默、内省，几乎超人的内省，以便能够带着古人的微笑拥抱死亡！

在达夫尼（Daphni）小港下船后的第一个晚上，我以为到了某座古代的小岛。每座古迹都带着回忆，以及由往事崇拜构成的诗意。虽然牧歌时代早已过去，可是这地方静寂安宁，甚至充满神圣意味。海上漂流三日，内心染上了一种多变的安宁。而梦想混合了精神对未来产生的强烈作用，从这种安宁中奋力飞起。这些最剧烈的活动仍是梦想，不，不是梦想，是希望。

我们的感受是复杂而激烈的或雄浑或无力。头顶伊斯兰世界的天空，在这块横渡大海的舒适甲板上持续的作用与反作用。我们不受任何干扰，甚至谢绝了船上的客饭。我们在船头安营扎寨，像茨冈人一样生活，对着黎明那来势汹汹的绿色睁开眼睛，却被天顶的酷热压倒。向晚时分，我们坐在巨大的缆绳盘或者铁锚上，承接落日投过来的无法计量的黄金。此时天空云霞似锦，借着阳光点燃片片流云，也在做着同样的抛金送银的豪举。我们的血液从肌肉里复苏，加速了循环。接下来，已是夜阑人静时分，我一动不动，假装睡着了，其实眼睛睁得大大的，眨也不眨地望着星星，耳朵则在谛听周围的动静。我觉得万籁俱寂，生命暂时抹去了一切痕迹。这时我强烈体验到这种时刻的静谧，三年来，它们在我心里留下了挥之不去的记忆。

我认为，地平线的永恒的水平面，尤其是正午时分，水天一色，万里无垠，在各人心里设下了一个最便于感知的绝对尺度。在下午的阳光辐射下，出现了金字塔形的圣山！它就像一尊只用数小时就立起来的巨大塑像，突然加快增高，为的是用它拔地而起的两千米高度来俯瞰我们。

一些香客，一些可怜的穷人，眼看着渐渐升高增大的山景，比我们更有定力。他们的队伍里保持着一种喜悦或者不安的平静。当螺旋桨停止运转时，这群人的肃静与高层驾驶台发出的简短指令形成鲜明对照。铁链吱嘎作响，铁锚沉下水底，船不动了……

我心中念念不忘的象征，其实就像渴望将语言浓缩为几个有限的词语。其原因在于自己的爱好，对我来说，了解石头与构造的形状、体积、虚实，就相当于对垂直和水平、长度、深度还有高度的理解。我觉得后面这种理解也许过于一般。应该把这些元素，甚至这些词语看作含有无穷意义的事物，根本不必去做解释，因为它们本身就是个完整和强有力的统一体，能够表达出那些意义。说得再远一点，我是在黄、红、蓝、紫、绿诸种感觉中来想象颜色的层次，至于组合的细节，如线条由竖到横的渐渐过渡，在我看来是无关紧要的——除了把平面一分为二的斜线。让节奏独自去安排这些纯粹图像化的表达！一个师傅对我灌输文化，可是如果这种文化拘泥于细节，我就会任其变黄。看到帕特农神庙，看到它的整体、柱子和下楣，我就心满意足了，就像见到大海本身，或者仅仅听到这个词；同样的，那高度、深度与繁复之象征的阿尔卑斯山，或者大教堂，都是足以让我蓄养力气的胜景。某座房子，因为其众多的剖面，而让人想起碰上碎石机上落下石子的不快，虽说我钦佩克洛德·莫奈，却会因此生气，而向马蒂斯致敬。在我看来，整个东方都被浇铸进了宏伟的象征当中。尽管天空经常是蓝色的，我还是带走了它的黄色，大地的褐色，以及石砌的圣殿和柴泥木头民房那独一无二的回忆。这同一种精神的表达方式使我认为，不论在哪个地区，不在一个坛罐本身，而在别的方面去寻找流传了千年的形状，就是一种愚蠢的做法。我喜欢几何图形，喜欢正方形、圆形，和比例简单明确的尺寸。

对我而言，管理这些简单而又永恒的力量，不就需要我要做出一辈子的努力，不就是让我确信，无论是建筑比例、协调还是采光方面，我都未达到外省那种按百年传统的宝贵规则建造起来的小房子水平？

在达夫尼登岸以后，我们骑上母骡，披着绚烂的晚霞，往山顶攀登。骡子在大山腰里不急不忙地行走，我领略了山路的陡峭，不免觉得紧张。透过山脊，远处的大海再度出现在我们眼前。这是这些基本元素——大海、高山，以及大山奉献给圣母的象征，与傍晚弥漫着热乎乎、潮湿湿的香气的坡道上的氛围的魔术般的结合。坡道上生长着很多象征性物种，有桑树、橄榄树、无花果树、葡萄，还有粗壮的荆棘以及一年四季郁郁葱葱的枸骨叶冬青，此外还有柏树。太阳落山后，我们来到一个山肩上，蓦地看见一排柏树立在高处，像二十个神色庄严的哨兵守卫着面积巨大、位置高峻的希罗波塔姆隐修院（Xiropotam），不禁大吃一惊。我的坐骑放慢了脚步，我远远地落在后面。夜幕降临。我们走过了那么多崎岖陡峭的山路，翻越了一个更比一个高的山岭！这时一堵干垒的石墙开始插进坡道。突然一下，它就像一座城堡的防护墙一样陡立起来。石墙脚下，开始出现那排柏树，高高的树冠俯临灰色的墙体。你要是看到那一块天空就好了，它美得无法用言语描述。接着，有个修道士在墙头上出现了。这是个年轻的东正教神甫，面色铁青，一部黑色的大胡子庄严地框着面孔。他站在那么高的地方，双手贴胸，深鞠一躬，向我致礼。骡子小跑起来，不久，石墙上涌出一股清泉。骡子走过去饮水，过了好一阵，饮够了，便使出它们特有的烈性和青春活力，头一昂，身一振，再度跑起来，把我送到墙头上。这次地面铺了石板，一直铺到院子里面。头一家修道院到了。

接下来的十八天里，我们看到了多少修道院啊！可是这一家始终是最让人感动、最具有亲和力的一家。它开着古代城堡般的大门，四面光溜溜的墙体上，建着蜂窝一样的住室，还有朝向大海的空中走廊。

我驱使骡子走远一点，然后勒住，掉转头来，从高处打量这所修道院。我注意到它的铅皮圆顶很有意思，让人又想起斯坦布尔那些清真寺。一座座建筑物组成了一个四边形，其顶端处在一个巨大的水平层面，把我的视线引向远处黯淡的大海。柏树颜色发黑，修道院则是最浅的灰色，橄榄树泛着银绿，天空湛蓝之中夹着一丝海的紫黛。天顶上闪耀着几颗白亮的星星。它们在这个变幻不定的场景下出场了，再过一会儿，地面照着这个场景的灯火就会熄灭，而这个场景就在黑暗与金辉，在沉睡的卡里埃斯镇（Kariès）石板路上踏出的骡蹄声中黯然隐去……我们原路返回，来时上了多少坡，此时就下多少坡。一坡坡葡萄中间，出现了一座座房屋。这里那里挂着一些煤油风灯。灯光四射的静谧使我们生出真正到了"福地"的感觉。街道尽头，从一道敞开的大门里射出强烈的光，照着路面，照亮了路边的一垅葡萄。我们看见藤上吊着一串串果子，这就是客栈了。厅堂不大，里面不加分别地张贴着种种怪异荒谬的招贴画。今日世界各国的咖啡馆都是这种风格。大厅那边，是一道宽敞的木头走廊。走廊建在木头桩基上，是地道的"吊脚走廊"。那天晚上，走廊显得很高。一些葡萄棚带有古代绿廊，像比萨的伯诺佐·戈佐利[1]在比萨所绘的榨坊棚架，或者绑了灯从下往上照明，且经过粉刷的农家棚架风格。它们在夜色中高低起伏，取代了我们所有关于价值的感觉，提供了一种全新的、有皇家气派的、由高雅豪华的发明创造所带来的感受，让人心旷神怡。

山势朝海边缓缓而下。穿过一个大厅，可以到达一个高悬的土台。从那里，透过棚柱离乱、披覆着藤蔓、挂着一串串沉甸甸的青黄果实的葡萄棚，看得见大海。

在一些天然的隐蔽处，摆放着一张张餐桌。那里藤叶披离，卷须蔓生，要是赛利纳斯[2]来此，会觉得大为受用。还有一些餐桌，则靠着栏杆摆放，虽然不能让客人触摸到酒神巴克科斯掌管的植物，却至少给酒神及其年轻随从提供了一个更高远开阔的海天之景，可以见到少有的渔舟，和像风暴一样铺天盖地，像巨浪一样汹涌起伏，生长着丰收在望的葡萄、桑树、橄榄树和无花果树的沟沟岭岭。气温和暖，空气潮湿，充满了海的咸腥味和果实的甜蜜味，使人昏昏欲睡，这时夜晚来得恰是时候；葡萄棚虽然往下垂压，却又起着保护作用，对于棚下盟誓或允诺的嘴唇、被美酒与爱情陶醉的心灵，夜晚也来得正巧。

---

[1] 伯诺佐·戈佐利（Benozzo Gozzoli，1420—1497），意大利画家。此处指画家在比萨某修道院画的壁画。

[2] 赛利纳斯，Silène，希腊神话中酒神狄奥尼索斯的伴侣与导师。

　　奇怪的是，除了我们身后的栏杆是用大理石搭建的以外，这地方竟没有一种更为坚固的建筑，我们身后的宫殿墙壁上竟没有用随意涂刷的、使中庭显得很有深度的仿大理石拉毛饰；还有，这道楼梯只通到女眷的内室。尽管如此，今晚我心仍然快乐，就像欣赏华托[1]可能会描绘的某座金苹果园或维纳斯女神像一样快活。这里的夜色让人浮想联翩。就在我们如此迅速地融入夜色的夜晚，天气太热，甚至当年伴着火山而居的庞贝城都没这么热。我们深感困乏，而我孤独的心则在这种金褐色的感觉之中，想象着那离开群体，离开葡萄棚下的餐桌，背对众人，独自凭栏眺望大海，神色凝重地陷入沉思的侯爵所穿的黑罩衣，以及与众不同的气派。[2]

　　这只是卡里埃斯镇唯一的客栈，十分普通，千余年来，从未给侯爵夫人、高级娼妓，甚至路过的普通女客提供过住宿接待。因为不论在最明媚的白昼，还是最哀伤的暗夜，这里都只接待忧伤的人、穷人，或者不知所措的人，只安慰苦修会成员的高贵灵魂，只向逃避人间法律的罪犯、躲避工作的懒汉、做梦的人、冥想的人，还有孤独的人提供避难或者安身之所。

　　丰足的葡萄园、无花果、桑葚和橄榄保证了修道士们的食用。成行的杨树围护着受过惊吓的东正教小礼拜堂。小礼拜堂干垒的石墙、铅皮的圆顶，都被缩小了，一副小巧玲珑的模样，还有那城堡才有的高墙、吊桥。次日，我们登上楼梯，来到上面的吊脚走廊，

---

[1] 让·安东尼·华托（Jean-Antoine Watteau，1684—1721），法国洛可可风格的画家。

[2] 此处作者是在描绘画家华托的一幅画。

从高头俯瞰下方，只见天空万里无云，大海一望无际，风平浪静
的海面波光闪闪，白得耀眼的阳光下、山岭上、岩石上、海滩上，
建着无数礼拜堂。它们有大有小，式样有的欢快，有的悲伤，有
的好客，有的严峻，有的愤怒，有的率真，有的做作。

　　在通往卡里埃斯镇的大路旁，躺着一些修道士，他们也许传
染了麻风病，祈求施舍。他们肮脏、残废、放荡，招人厌恶，使
人愤慨，因为他们的状况表明，是懒惰和恶习——谁知道呢？——
把他们领来的。如果他们真是遇到了可悲的灾祸，被痛苦没完没
了地纠缠，以至于投奔圣山，把此地当作救命的港湾，那么可以
说他们在此地遇到了无情的私心，和对他们的病痛不闻不问的冷
漠。既然他们没有得到葡萄、无花果、桑葚，甚至修道院里的黑麦，
那就说明这些草木都拒绝救济他们。卡里埃斯镇至多有四五条街，
街上铺的砂岩石板硌着他们的伤口。他们疲惫的身子躺在上面，
该会多么难受啊！
　　这整座大山都是奉献给圣母，用来颂扬她的圣迹的。圣母圣
坛位于山麓海滩上的圣母修道院。那是四四方方一座房子，中间
有一道古代的吊桥，桥后开了个门洞。外墙濒临壕沟。从墙脚到
墙中间，几乎是光光的一片，到了四五层上面，才搭起走廊，伸
出阳台。大院正中，是一个东正教教堂。其出身、形状和永久遵

奉的原则都是拜占庭的。今日这家修道院的整个精神，包括它的一砖一石，一草一木，仍是拜占庭的。其他修道院为数不少，我认为有十八家之多，不过它们都像鹰巢一样，坐落在难以攀登的山岩顶上。还有一些像是修道院的所在，则坐落在海边。屋宇楼阁，处处是旧时样式，在场的僧侣，也都是古代打扮。置身于他们中间，你会觉得误入歧途，来到了另一个时代。

我们从卡里埃斯镇下来，到专门呈献给圣母玛利亚的修道院，出席她的主保瞻礼仪式。这家修道院临海，坐落在高达二千米、险峻无比、峰顶白云缭绕的圣山脚下。今晚，但等太阳一触及山腰，这家伊比利亚人的修道院就会闭门谢客，把来自半岛各地，来自那么遥远地方的香客关在门外，为了使自己陶醉在礼拜的歌声，和大快朵颐的口福之中，因为修道院里那些可怜的人、放荡的人、饿得要死的人，可以在这个一年一度的节日，一直吃到半夜，因为在这一天，食堂，一个巨大的石砌拱廊，因为一个古老的偶像（在专门辟出的白色后殿上供奉了她的塑像）而充满活力，一直开到深夜。东正教教堂黯淡的墙壁上，绘着一幅又一幅壁画，画的都是举行宗教仪式的场面。僧众们就在教堂里通宵达旦地唱着礼拜歌，歌声悲切，令人心碎，引起幻觉。

快乐、节庆、太阳，还有葡萄、无花果树与杨树荫蔽的大自然。面前的大海隐隐折射着这片山峦起伏、郁郁葱葱的土地，显示出正是下午时分。我们朝大海走去。路边有个葡萄园，两个年轻修士穿着劳作修士的蓝色宽袖长袍，坐在园门口。他们的窝棚就在附近，是用石头干垒的小屋，是他们两条性命的庇护所。"你们好！"我们带着节日的喜悦向他们大声致意。他们中的一个马上站起来，跑进园子里，一会儿就捧出一串串葡萄来招待我们。两个修士微笑着，双手交叉放在胸前，躬身敬礼。"朋友们好！谢谢！谢谢！"以后好几个月，他们都将看不到有外人经过。我们欢欢喜喜地朝大海走去。

我们下榻的那家修道院离海很远。从我们白色的房间水平地望出去，只觉得大海横无涯际，望不到边。因为我们从未在这个纬度，也从未在这个季节眺望过地平线。一股股袅袅上升的水汽，把海天连接在一起。只有粼粼波光才给不安的眼睛指示出水面的真实所在。从我们的窗户往下看，会觉得头晕目眩，因为我们住在修道院最上一层，下面是千仞绝壁，万丈深渊。教堂前面的广场上铺的是灰色石板，而教堂却从下到上，通体刷成牛血红。只有铅皮圆顶显出一种悦目的灰色。

我们由劳作修士的临时负责人带领，走进食堂，只见里面直溜溜地摆放着两列长桌，两边坐着的黑衣蓄发的僧侣都立起身来，在供奉着一个金色圣像的半圆形后殿前面，长桌与高级僧侣们的马蹄铁形餐桌相接。我们来到主人预留的席位，他们一直在等待我们。今日耶路撒冷来的那位能说一点法语的香客没有和我们在一起。他面貌俊美，骨骼清奇，神态稳重又热情大方，让我们暗暗称奇。在负责人说话的当口——我想他是在为这餐饭感恩——大家坐下来。修士们把双手搁在桌面上，他们双手粗糙，长满老茧，因为长期侍弄土地而变得粗壮，与厚拙的盘碟，还有各地乡村都有的釉面瓦罐十分相称。每个客人面前摆了三个瓦盆，分别装着生西红柿、熟豆、鱼肉。除此之外，就没有别的菜了。另外还放有一壶葡萄酒，一个锡制大口杯，一个沉甸甸的黑麦圆面包——僧侣们的每日食粮，值得称道的象征。后殿前面，高级僧侣们正在啃面包，吃着瓦罐里的菜，喝着绿壶里的酒。除了这些，白木桌面上再也没有什么了。我们的入座引起一阵快乐的骚动，一些古铜色的脸膛微笑着朝我们转过来，他们曾多次想和我们交谈，却总是不成功！我们匆匆结束了这顿粗茶淡饭，站起身来，目送修士们离席。他们排队从我们面前经过，每个人都对我们说了几句话，很多人还抓起我们的手亲吻。

这就是卡拉卡路（Karacallou）的劳作修士们的修道院！修士们粗茶淡饭的招待至今仍铭记在我们心头，就像一种恩惠。淳朴的卡拉卡路人啊！回忆这顿饭之后，我还要说一说我那间被石灰粉刷得雪白的客房。一张宽大的长椅，上面铺着颜色艳丽的毛毯，就是我睡觉的客床。那毛毯是最好的波斯尼亚或者瓦拉几亚毛毯。房间里墙壁斜削的凹处开了一眼窗户。清晨，凭窗远望，我三次看见白昼在一个无垠的空间袒露真容，而此时墙脚下的橄榄树看起来就像地面不起眼的苔藓。

我这枝秃笔无能，没法把心中的印象写成文字固定。其实，一堵堵土墙、一座座坚实的红崖、一片片海面，就已经在人心深处掀起了波澜！但却无法诉诸文字！一些轻浮的母骡，行为像婊子，步态像驽马，有时屁股一抬，就把你掀到波浪拍打的沙滩上，让你在上面打滚。白日明晃晃的，模糊了我们对颜色的感觉。有一两个僧侣在自己的窝棚里隐修，他们站在干垒的石头门边，脸色发黑，须发蓬乱，却挂着善良或者憨憨的微笑，双手合十，颔首施礼。当我们来到高高的山坡上，摇摇晃晃地骑在桀骜不驯的骡背上，钻进干瘦卷曲的树丛，继续赶路的时候，普罗多摩斯修道院（Prodomos），也就是"先驱"修道院不见了。那座建筑平平展展，稳稳当当，就像一把泥水匠的水平尺。我们顺着它的水平线望出去，看到一些虚无缥缈的场景：今日的大海仍然清澈透明、无边无际。离岸不远，与海岸线平行，有一艘小帆船压着短浪，得意地驶过。船壳是凹槽形，坚牢厚实。帆船有绳缆，一叶风帆，三条汉子。还有右边，宏伟高大的圣山顶上的大理石栏杆。一个个雉堞，几面高大的石墙，一座独处一隅的堡垒，为圣母的仆人而建的修道院！我们还是走吧，这些仆人正小心翼翼地藏起他们虔诚的懒惰，藏起大笔善款哩。这笔财富或者来自信奉东正教的衰微的希腊，或者来自尚未开化、信仰正十字的塞尔维亚，是某个大主教区劳工的集体奉献。一些卵石，一个小湾；一株桑树，用石块围了三圈，周围的沙子漫盖了石块。桑葚熟透了，落到地上，汁液都砸了出来，在沙上留下丝丝血红。我们慢慢来到一个门廊，桅具都已整理就绪，一个院子连同一座翻修的东正教堂，一座铁皮屋顶，几条冰冷的走廊，几间光秃秃的接待大厅，为头的教士来访，他招待的饭菜——疾病，肚子不适，疼痛，匍匐在地，浑身乏力；在母骡两次肠痉挛之间见到的图书室……这些轻浮家伙嘴里塞满燕麦，又开始小跑。两只耳朵支棱着，像是留心什么事情。

"薛西斯一世[1]的舰队就是在这面绝壁下全军覆没的。"我们从上往下，胆战心惊地衡量这绝壁的深度：只见下面惊涛汹涌，深不可测，吓人得很！胆大包天的捞宝的人啊，你们想打捞沉船宝物就打捞吧！没准，薛西斯这个征服者的舰队正在两千米深的水下苦苦等待救援哩！殷红的千仞绝壁。我们的骡子踏行的草地，被这面像神仙世界的排箫一般的绝壁齐刷刷地切断。这里传出灾难的意味，我不能想象，哪怕在今天这样晴朗的天空下，会有哪条小艇冒险来到绝壁脚下，在这片油彩一样靛蓝的怒海上航行？因为不待驶近，它就吓破了胆子了。

---

[1]　薛西斯一世(Xerxès I, 前519—前465)，古波斯王。公元前480年，他发动了第二次"希波战争"，经过温泉关之战，洗劫了雅典，但在萨拉米斯海战中被打败。——编注

　　天啊！你能想象这场暴风雨吗？它简直丧失理智，一个劲地倾泻下来，像巨人般怒吼起来！此刻，它，薛西斯的舰队，纵然把所有铁锚抛下，狂乱地探测对它不屑一顾的海底，还是被狂风巨浪挟裹着，狠狠地砸在绝壁上。木头爆裂，舱壁崩塌，人被碾作一堆，波斯战士们闭着眼睛，张大嘴巴，被斜斜地抛出去，沉入蓝色的海底——他们到达从未被搅动的深渊沙底，成了造访这个著名的平静海区的不速之客。上面，天降暴雨，不，天倾大水，怒海翻腾咆哮，声震千里，其势无法形容，巨浪高高掀起，猛烈地砸在红色绝壁上。那个场景，谁也想象不出——而就在红色绝壁的上部，我们的骡子驮着我们一溜小跑，准备来一出小闹剧。

　　我们在大石屋的院子里下骡时，一个热情的场面在等着我们。

　　僧侣们闻声跑出来。"我们是法国人。"我们说。"好啊，法国人！"他们双手殷勤地交贴在胸前，脸上洋溢着快乐。这些客气的修士都是刚从俄罗斯大草原过来的，俄法两国是同盟国。"法国人，啊，法国人！"桌子架起来了，上面摆着红艳艳的番茄和大量葡萄酒。我们入乡随俗，那带有乳香的美酒刚刚入喉，我们就从心底陶醉了。夜幕降临，星斗满天，窗口看得见光滑而柔和的海面。又是一盅美酒。一如那么多夜晚，一如在圣山度过的所有夜晚，热情好客的美酒让我们头脑迷糊，于是一切就变得美好；病去痛消……我们知道，它，病痛，还有一直让人不安的忧郁，这一夜是不会来了！——啊！圣山敞开了它所有修道院的大门。啊！圣山在它所有劳作修士的窝棚里颤动！它欢欢喜喜，热情好客，让客人内心涌起一道道暖流！今晚，圣山的葡萄酒愉悦了我的记忆！

忙了一天，有一些烦恼的、但是无法避免的琐碎发现，晚上虽然身体不适，让我感到小城市生活的悲凉，却也让我勾起一丝泛泛的、温馨的回忆，那是一种似有似无的忧愁，一种喜悦的不适。此刻，在张嘴欢笑绽开的嘴纹里，我认为看出了一种冲动，一种想得到单纯然而热烈的抚摸的欲望，就像是你我暌违，天各一方，虽觉孤独却不承认，只好以遥远的哭泣来寄托心中的思念。也许，这只是我单方面的冲动。有时，当一道闪电，一个微笑，一缕阳光，或者一段无法形容的音乐，一阵清新的空气，和煦的气候作用于身心，友好地表现出实在的同情，我这个年龄的快乐和我的孤单便要求这种抚摸。

东方时间，下午四点正是日耀中天的时候，我的快乐感到困乏，为许多遗憾淹没。身体受到刺激，内心最深处响起呼唤，今晚在回忆中记起的那片风景令人不安的征兆，令我心胸紧张，精神烦乱。好在一道刺眼的光亮驱走了噩梦的折磨。在圣山的山尖上，周围一切离得很远，遥不可及。从海上升起的山梁构成了一个用光来充填的阀门。如果你想驱除不安，把眼睛投向阀门深处，就会看到一个完全陌生的大地轮廓突出地映现在天幕上。因为大海白光点点，颤颤摇摇，避开了目光的寻找，留下了这片奇特的空虚。在某些清醒的噩梦时刻，当我们大胆地确定一个尺度，来设想我们的星球在天上运行，在无边无际的空间划出自己轨道的时候，就察觉到这种空虚。圣山从顶往下，在周围海上留下的印迹，除掉西边一个地峡里的，就像落进无边光亮中的物体划出的痕迹。其实我们来到了一座小的许愿礼拜堂门口，可是我却没有感到丝毫激动。然而，这座圣母礼拜堂既然建在此地的最高处，在一些专程来此朝拜的香客看来，就应该是一顿难于形容的圣餐上的无酵面饼。有一个人，在海上颠簸数周，又在陆地上一家家修道院、一个个修道窝棚住过来，来到距顶峰最近的圣乔治峰，在一个向导带领下，骑骡在一片荒僻无人的山路上攀爬数小时，来到一个大理石采掘场下面的小屋子，把骡子拴在一眼水井旁，吩咐谨慎的向导看着，开始独自攀爬最后一段山路。那是一面大理石的斜坡。他腿上突然来了力气，终于登上了山顶平台。在这里，这个刚刚找到他的圣母的人被无垠的世界震住了，泪流满面，泣不成声，在静观中倒在地上。我听见了他的声音。这个小礼拜堂一无装饰，只有一个作祭坛用的白色土台、一幅着色简单的圣像、一盏小油灯。油瓶放在油灯旁边，如果小教堂里长久没做法事，灯油就要由前来进香的朝圣者自己添加。

我们确实到达了一个圣地，因为这座山如此深地扎进大海，如此高地插入云天，并且耸立在通往耶路撒冷的大路之上——就像一首现代交响曲的最后几个音符，已经成为世间绝响。而天主教的教义紧紧搂住神秘主义，把这种信仰带到福乐的境界。

建筑师总是希望以较快的节奏浇铸钢铁混凝土，这种职业要求的信念驱使我加快动作。我很高兴地知道，从前在这座山上，树立的是一座宙斯的青铜塑像。那时千船竞发，百舸争流，巨大的战舰上下三层。舵手、商人、武士和征服者得意地举目四望，只见巍峨的圣山在远方显现出来，山顶上坐着它雄性的大神。俯身划桨的奴隶祈神降祸的诅咒一浪高过一浪，可是欢乐的大海却不为所动。一条条皮肤发亮的海豚穿梭似地游弋，似乎要织张大网，把海面波涛的水下部分兜住，缚在深蓝的海底。

在史诗时代的这个壮观场面与周边褐色土地上的伊斯兰信徒沉着的祷告之间，这种东正教风格的修道生活，这种抽去内容保留形式，不尚言谈只重静修的拜占庭式明教辩理方式让我感动。

我们开始下山，先是两千米的大理石山路，接着是一段灰褐色石灰岩的小路把我们引到海边，其间经过了圣乔治和圣安娜两个窝棚。小路一直通到冷清的圣保罗修道院，那里离砾石遍地的小海湾不远。有一株桑树，桑葚熟透了，落了一地。我真想马上离开半岛。可是要等一星期，才会有船只来到这片冷寂的水域。

在一个天气晴好的早上，翻越完这座神秘山岭后，我们下山到了吕西空修道院（Russikon），由骡子带我们走葡萄园里的一些陡峭小路。小路左边有株悬铃木，万垄葡萄中间就这么一棵树耸立，宛若向游客发出的质询。这里只有它讲述古波斯的前朝往事。它树干光滑，树皮呈灰色，就像被风吹雨打的黑色大理石，最粗大的枝干光芒似的向四面伸展，最细小的枝丫则像冲到顶的喷泉水柱，开始向下垂落。树叶并不茂密，而是像细密画上的那样稀疏，一片接一片，直到大树这个张开的巨掌根根指头上都套满祖母绿戒指。这株独立此坡的大树，从深扎海平面的根须到树梢，都在为一种遥远的、饱含诗情的声音而战栗。这声音纤细地在金色的空气里，在刷了漆似的蓝色波涛上，在这片像淡雅地着了色的珊瑚丛似的上地上，在蓝色的葡萄藤蔓之间，在这些优雅的枝叶上面，在更加平静更加温和的梦的天空里扩散、传播，仿佛在讲述另一个东方的故事。

　　外面，似乎只有教堂前有栏杆的空地是给人安排的；走近看，教堂前端逐级向上的主体、后加的扶垛、凯旋门的后背，和教堂圆顶组成了一个巨大的遮天蔽日的实体。不过一走进门厅，阴暗的前廊就让你眼睛一亮，甚至不要看它那些大理石和绚丽多彩的马赛克贴面，光是它像石棺一样内凹的拱顶那简洁而又巨大的跨度，就让你想起那些伟大建筑师叱咤风云的时代。在这种幽微的光亮里，一道转轴门打开了，富丽堂皇的中殿顿时出现在我们眼前。殿堂宽大轩敞，上面架着一道道扶拱，每个扶拱连着四个穹隅，承托着无数水平辐射开去，像王冠一样环绕穹顶这个庄严核心的窗户。中殿的平面部分，简直是个巨大的广场，还有空阔轩敞的葱头形拱顶，这两点都说明，这是奇迹，是杰作，人类的杰作。公元 500 年，为了实现自己的梦想，米利都的伊西多尔和特雷尔的安提米乌斯[1]在几无先例可援的情况下，发明了这些建筑方法和这些拱墩构件。

唱过这首帝国颂歌之后，东方世界沉寂了几个世纪；而拜占庭的灵魂像石珊瑚一样生生不息，延续至今，将自己骨化为各种形式的圣堂，如"圣灵堂""主教堂"等，它们是教堂的雏形，也就是圣山的每家修道院以其四边的建筑围起来的场所。君士坦丁堡的圣索菲亚大教堂坐落在马尔马拉海和黄金角之间的皇宫的岬头上，而在哈尔基迪基半岛 (Chalcidique)，圣山占据的就是这样的岬头位置：这可是整整一座大山啊！

圣山的修道灵魂、隐修士们、教友们想象出一种地下小教堂的意象，遂在圣所里修建了地下室，在里面进行病态的静修活动。地下室像一瓣贝壳，结构封闭，光线幽微，因为壁上绘了图画而显得阴暗。这种建筑物体积缩得那么小，我对之并不欣赏，在那里盘桓几个钟头，主要是解读其程式化的、教条的建筑语言。

一条通衢大道从此经过。大道起自亚洲，通向锡拉库萨、佩

---

[1] 伊西多尔和安提米乌斯，Isidore de Milet/Anthemius de Tralles，公元 6 世纪拜占庭建筑师和数学家。君士坦丁堡的圣索菲亚大教堂就是他们俩的作品。

里戈尔（Périgord）、西班牙、威尼斯和亚琛[1]，带来了它们像几何图案的套装、豪华内衣和罩在外面的棕色粗呢长袍。我非常强烈地感觉到，建筑唯一而高尚的任务，就是给灵魂开放一些诗意的空间；而为了使空间有用，要实在地使用一些材料。在这里，建筑的任务就是给天主之母建一座石头房子，抵抗千年的风吹雨打、岁月磨蚀，就是以这种方式，把这座坚固房屋的框架安放到位，让这座房屋显现出一种精神，通过形状与颜色的神秘关系，令每个人生出敬意，每张嘴巴保持静默，同时在幽微的光亮里，只向祈祷开放飞升的通道，只对赞美诗张启嘴唇。古代建筑师的神圣志向！他们失传了的纯洁意愿与努力。我们这些只知搅拌水泥沙浆的今人，对这些训练早已陌生。天啊！对这些东方神庙我们生出强烈的景仰，然而这种景仰中又包含多少的辛酸！当我反躬自省时，只觉得羞愧万分！不过，在肃静的圣殿里流连几个钟头，让我生出一股青春的勇气和坦诚的意愿：做一个合格的建筑师！在教堂的穹顶下走过的游客啊，你如果不是建筑师，就想象不到在石头的威严审判面前这分惶悚不安是多么难受。我们所处的时代，是雕塑匠人十分稀少的时代。幸亏老天仁厚，不让我们遇见先贤，真要遇见，他们惊诧的目光会让我们发毛，而他们的愤怒也会落到我们头上，我们只有逃走才是。我总是想起他们的勤奋，因而充满噬心蚀骨的内疚，今日每下一道按我们图纸施工的命令，

---

[1] 佩里戈尔，法国南部的历史和文化大区。亚琛，德国西部城市，毗邻比利时、荷兰，由古罗马人建立。公元 800 年，查里曼大帝在此加冕"罗马人的皇帝"，亚琛成为首都。城内有著名的亚琛主教堂，是第一个列入"世界文化遗产名录"的德国文化遗产。——编注

我都要惧怕一阵。

圣山的教堂样式简洁，可与树芽相比，在温暖的春雨之前，树芽十分幼小，把夏日的宝藏（花）、秋日的宝藏（果）和冬日的宝藏（缓慢而隐秘的萌芽）都包在光亮而坚实的保护壳里。它的圆顶是那么小，直径一般就四米，然而放置得那样巧妙，当人们穿过教堂的前廊和门廊，从教堂外面海风常吹、海景长在、山影长伴的大片空地看过来时，那圆顶显得很大，很高，很坚固，自成一体，就像望远镜里看到的一个空心大葱头，葱头底部那高得惊人的坐圈令人顿生遐想。穹顶由四根宽大光滑的拱梁托着，由四根穹隅承载，再通过四根普通的梁柱落到地面。梁柱常常是圆的，用整块岩石打造，两头细，中间稍大，上面戴着梯形的柱头。门厅光线十分黯淡，上面一些筒形小拱顶相互交连，有时，突然一下，左边或右边的小拱顶就被托着圆顶的坐圈高高抬起。思想尚未进入，眼睛这个先驱就先从门厅进了这个地面坚实，用大理石地砖拼出豪华图案，四壁光洁，由四根梁柱支撑拱顶的房间，进了这片暗银色的氛围。而墙上覆盖的无数挂毯则使得暗银色发黑。挂毯是用赭红、绿色、群青色的羊毛编织的，上面饰有一个个颜色黯淡的金环，挂毯的画面讲述的是一些传说。不管平面还是剖面，教堂的结构立即就显现出来：承重部分和被支撑部分，像肌肉一样绷紧的墙体，还有表面弯曲的球体。一种如此冷静的语言，其高度的一致使人觉得它具有钻石的纯净。希腊的明晰与难以形容的亚洲式表达奇特地结合，既坚实，又强硬。

下面是对在光线黯淡的室内辨读的一些壁画的回忆。虽然我看出那些画被人可耻地做过修改，但是随着时光流逝，渐渐也不觉得那么失望了。再说，那些画的灵魂脱下了肮脏的外衣，重新罩上了一层庄重而虔诚的光亮，因此大部分都得到我的喜爱。

在壁炉那边的墙角上，粉红色的光影里，挂着某国国君年轻而单纯的画像。从场景看是塞尔维亚或保加利亚。国君的姿态是克制的；两只脚尖并拢，又像要迈出去又像有几分犹豫。在壁画黯淡的深处，他向前伸出双臂，捧着一所圣殿，也就是这家教堂的模型。模型的墙体都涂成了红色，只有圆顶是蓝的。这位君主的祭礼是献给一位老者的。那老者是修道院的大神甫，一身黑色粗呢长袍，长发浓髯，身躯比君主高大五倍。画面是那样晦暗，只有老者低垂的头，和伸向祭礼的双手，形成一种与君主飘动的衣袂相应的节奏，那头上皱纹密布，刻满沧桑。有两个圣人各驾一朵祥云，与他们擦身而过，他们身形矮小，罩着大红与金色的光环。这座圣殿大概是某位克罗地亚王子[1]在登基之日，为了祈求上天佑助而令人在圣山建造的，因此教堂方面才请人在门厅右墙上绘了这幅画，题献给君主大人。

我想起在拉韦拉昂修道院（Lavra）看到的一幅可怕的地狱画。

---

[1]　这位王子有可能是塞尔维亚或保加利亚的，但不可能是克罗地亚人，因为大多数克罗地亚人信仰罗马天主教而非东正教。也没有迹象表明克罗地亚人曾在圣山建造过修道院或教堂。

熊熊的烈火盖满了左边墙壁。从一张凶残的、利齿毕露、喷发热气的嘴里，吐出一道道鄰光闪闪的波浪。这些波浪汹涌上涨，汇成赭红色的大海。海水奔流着，冲决一切，成为一股复仇的湍流，在黑暗的气氛里描绘出噩梦的螺旋。许多我们这样的人，一身赤裸，在大声倾诉他们的焦虑，见证地狱未来的灾难。在那里，"罪人会被放在火上烧煮"。

不过在菲洛特昂修道院（Philothéon）看不到这种中世纪的画面。这是一个印度的神仙，骑着一头传说的动物，如龙或半马半鹰的有翅怪兽。在垂直的升天过程中，他只要竖起指头一动，就叫暴烈的坐骑立即安静。

啊，不！旁边的一幅，我似乎想起了某个可怕的灾难；一只长着多个头颅、四处流涎的怪兽从天上落下来，绝望中张开所有的爪子，想攀住什么物件，而佩里神仙张开双臂，降落地上。这幅壁画画的是不是世纪末日的某种启示？作者是不是一个波斯人，拥有萨珊人[1]的血统，因为念念不忘亚洲神话，就把这种题材带进了基督教的圣所？

从列柱廊、门廊，到圣殿，所有的墙面就像锦缎一样，画满了壁画。连下楣、小连拱廊、柱子的鼓形石墩，甚至穹顶上都画上了图案。所有教理、传说、人类的善行都题写在墙上；还有一些还愿或者信德的行为也都画在墙上。这一切可能是以一种大

---

[1]　萨珊人，指的是波斯的萨桑王朝，存在于公元 3 世纪到 7 世纪。

家都愿意、具有象征意义的秩序排列的。每一个场景按自己的等级占据一定的位置，此外，每个主题的画面，每个人物的大小，都依照一定的等级而决定的，就是意义的大小。因为在八九世纪的拜占庭基督教破坏圣像运动中受到毁灭性打击，雕塑艺术完全撤离了圣殿神庙。当这些奢华的但也非常混乱的画面占据了墙壁，只有伟大建筑形式的权威语言，和舍弃所有线脚元素的方法，才使得圣山的各家教堂保持了坚固与美丽。

还有，圣山每座教堂，在大理石铺的地面与凯旋的门拱之间，都有一块圣像屏闪着金光，把它所有受难的传说、半圆形后殿的秘密隐藏在墙下，并使后殿处在静寂之中。然而，我们这些疲惫不堪、行色匆匆、太心不在焉、太不懂科学的观光客，却不能在这些藏有大量无价的拜占庭绘画的博物馆里细细观赏。甚至，看到修补痕迹明显的古画，我们经常发出咒声，而对摊开在我们眼前的手绘图书，我们往往掉过头去，其实那些彩书每一面都值得我们领悟与喜爱。毫无秩序和条理的图书室、不知自己保管着无价之宝（都是极有价值的文献资料）的图书管理员、无法让人明白我们意愿的困难、让我们浑身乏力的疾病……有这么多理由催我们匆匆离开圣山。而且我很清楚，此去不会再返。以后，就只会在一个下着绵绵细雨、让人心灰意冷的星期日，困守外省死气沉沉的小城，独自坐在卧房里，为白白放过那么多幸福时刻而痛悔！生动的回忆会穿着大红的、粉红的或者天青色的长袍，戴着闪闪发亮的王冠，披着金黄色的祭披，而精神这个忏悔的朝圣者，会穿行千里，远涉重洋，回到某个格外确定的圣所，几乎完好无损地重新体验那一分激动。

此时此刻，我桌面上却有一个证物：一幅几厘米见方的细密画的复制品，那是离开圣山那天早上，在吕西空修道院的图书室胡乱描绘的。在比掌心还小的画面上，是一块无边无际的黛绿平原，一无遮拦地在金色的天空下面铺开。那片天空，就是圣像屏上那广阔而明净的天空。而那块绿，则是狂风暴雨到来之前那种孔雀石的绿，有天傍晚我参观"老圣阿波里奈教堂"（Saint－Apollinaire in Classe）[1]，在拉韦纳见过那种颜色。有个妇人穿着黑色粗呢袍子，正跪在地上做祷告。她的头垂得那样低，神情是那样虔诚，几乎让人听见了她发自内心的呼喊。画面一角是一片乌云，几朵花，在暴风雨的肆虐之下，和妇人一样朝一边倾倒。图画虽然拙朴，却具有奇特的力量，可惜画面太小，只给人留有想象的地方。淳朴的着色师在千年之前，就把金绿黑这三种富有表现力的色调集合在一起，表达了祈祷这个行为里的一位论意志[2]。画面具有强烈的精神力量。

既然此处提到了力量，我觉得伊维隆修道院（Iviron）食堂里那个大圣像就更有抓人的力量。那是一个石砌的巨大筒形拱顶厅

---

[1] 老圣阿波里奈教堂，位于拉韦纳东南五公里。六世纪由市民在拉韦纳守护圣人的墓地上建立，教堂内部的马赛克装饰十分有名。——编注

[2] 天主教认为上帝是圣父、圣子、圣灵三位一体。反对此说的某些基督教理论认为上帝只有一位，被称为一位论。

堂，用的是罗马人的穹棱拱。一些扶拱间距均匀地托起穹顶，平衡了石头的推力。顶上用石灰刷白了，地面有很大一块铺了石板。桌子硕大，桌面是厚厚的白色大理石。大厅墙壁上毫无装饰，粉刷得白亮白亮，身穿黑袍的东正教神甫走进去，不像有血有肉的实体，而像墙上的一块黑斑，几乎像一个黑洞。人在里面每走一步，都会激起庄严的回响。在半圆形的后殿，墙上高挂着巨大的圣像，周围是黑色的边框，背景的金色有些陈旧。上面绘的是圣母肖像，比契马布埃绘的更栩栩如生。

我认为，一幅画像经过这样一番安排，就一扫那些可笑的在墙上绘画的小教堂的小家子气，就有了强大的感染力。那些小教堂被围在修道院里，一出门就是壕沟，一抬头就见到城堡的狼牙闸门，对面则是吊桥，只是一些放弃征服、退守心田、把自己封闭在自我孤岛不敢离开的人参拜的神庙。

唉，那些圣所是多么封闭啊！

我喜欢圣索菲亚大教堂，就因为它是无数土耳其人的教堂。我觉得它是在一个金色的傍晚，一个血淋淋的征战的傍晚，被征服者麦哈麦德二世夺取的，他在这里，在金碧辉煌的大殿里，留下了盛世的气息，留下了被征服的陆地与海洋的大气。

不正常的静修。

在一个节日的暗夜……

圣母教堂幻想的景象……

圣像屏后面光线幽暗的半圆形后殿。

圣像屏闪耀着神奇的金光。经历一年的黑暗之后，祭坛举行祭礼，闪闪烁烁的火把将那片金色再度耀亮。火把扎成球果植物的形状，上面叠放着一大把点燃的香烛。教士亲切地聆听着一位穿过黑夜来到此地的香客祈祷，一边不时地将烛泪铲去。白蜡做的香烛罩上一层金光。号叫、嘶喊、喧哗、喘息、单调的歌声、有气无力的诵经旋律。同一句压低声音的祈祷语，念起来有人委婉有人细长。在场的人头脑被搅混了，只听见一片袅袅余音。祈祷穿过滚烫的祭品堆和炽热的香烟，穿过狭窄深邃的穹隆和冰冷清澈的星空，朝遥远的所在飞升。

在这里，我虽然脑门发紧，膝头乏力，却突然觉得自己在这半夜时分，从如此高的地方，看到了圣山上罩着外壳的圣母教堂，看到了伊维隆海边的伊比里亚人的修道院。

外壳被刷成玫瑰色，就像最炽烈的火焰煅烧的铁块。教堂就在那里，在海边的地平线上鼓鼓突突地撑起来，显得那样低矮，漂亮的蛋圆形状辐射着光芒，就像一个埃及的大理石宝瓶，里面燃点着一盏油灯。

今晚，这个宝瓶是个特殊的看守，守护着一些最为神秘的割舍物，一些完整的馈赠，这些物品是从肉体凡胎上夺来的，作为痛苦的带血的供品，祭献给上苍，祭献给他者，不管祭献给谁，反正不是自己。

这个宝瓶是沟通此时与此地的狂热的媒介。在时间的混乱之中，你失去了自控，生出一种利刃剜心似的感觉：你孑然一身，待在一个小教堂里；小教堂供奉的是一个倾听祈求的大神最热情的金身。这种感觉剖开你的胸膛，挑开你的灵魂，挖出你的心，将仍在抽动的心扔到挂满香客铜钱的树上。人们就是这样来形容香客们的祈祷的。

我觉得又高又远的云霄，又深又广的无垠空间，都是一片漆黑，无一丝光明。我就好像是在星球边缘逗留，觉得自己来自那么遥远的地方，一直走到这里，神圣的礼拜仪式让我震撼！

黝黑的大海，平坦的岸边，波涛与沙滩交接处，有几个晶莹洁白的外壳被灯光照亮——五个外壳，五个小穹顶——接下来，是围绕后殿的小祭室，牵扯着扶垛的连杆，和由圆柱托起拱顶的门廊。人群进进出出，川流不息，或是在教堂门前的广场上集合，或是在食堂里用餐。伊维隆修道院在圣殿周围建有四座侧楼，就像围着主体收缩的四架翅膀，此时，这四座灯光幽微的侧楼一齐把它们外面的正墙转向黑夜，其中三座面海，一座向山。

克里桑托斯修士把我们安排在神职祷告席。我们一连站着几个钟头，忍受着接连不断、如此这般地举行的祈祷仪式。克里桑托斯站在我们左边，唱起了圣诗。

这是个很累人的事情，让人产生幻觉。你想想，我们顶着烈日冒着酷暑下山，饥肠辘辘，在山路上走了一下午，到了这家修道院，又费了一番口舌解释为什么辞别了六天又回来："我们是回来参加圣母主保瞻礼日的。我们回来听音乐，出席庆祝仪式。我们对你们很有好感，想和你们一起乐一回。"我们饿得要死，可是克里桑托斯是个死心眼，根本就没想到这点。既然我们是来听音乐、看仪式的，他就客客气气把我们迎进去，推着我们往教堂走，并在黑压压的香客群里开出一条路，领我们来到耳堂香烟缭绕的贵宾席。我们对面就是大主教，旁边就是留出来挂圣像屏和燃点香烛树的轩敞空间。

子夜一过，我们的精神上来了。可是我们站在神职祷告席上，却疲倦得支撑不住了。到了半夜两点，可怜的老人们精疲力竭，熬不住了，一个个跪倒下来，肌肉抽搐，昏昏欲睡。我们的位置离祭坛很近，虽然饿得要死，却不能乱动，只能盼仪式快点结束。而这时音乐的折磨却愈加厉害。我的精神溜出身体，周游夜色覆盖的温柔之乡，悄悄地重新体验那已被遗忘的时刻。我的朋友就在那下面酣睡，家人就在那些屋子里休息，他们与我，就隔着一层屋顶！

不过，当所有人沉沉睡去，好像死人一样的时候，在这穹顶之下，是什么磨人的隐秘渴望在喘着粗气呢？！刚才，一个奇迹让我好像站在天庭，站在祈祷应该上达的地方，俯瞰这些形状像炎热而精致的沙漠帐篷的穹顶，觉得它们就像被油灯照亮的大理石宝瓶。

萨洛尼卡（Salonique）[1]的主教穿着紫色教袍，专程赶来主持这场法事，显露圣迹让信徒在似梦似幻之中看到印度的异象、古代的异象、消失了的种族的异象、让人恐惧的崇拜的异象。主教负有使命，是以天庭密使的身份来此观礼的，因此站了一通宵，一动不动，也不说话。大多数信徒都困了，不是在现场就睡着了，就是去了院子某个角落，或者挤在排着长凳的厅堂里睡觉。大殿里安静下来，于是留下来的热心干将就觉得有个重要任务需要自己完成：黎明时分要让教堂响彻祈祷之声！在下午的阳光里大声通报祈祷时刻的人也不像他们这样，斯库塔里的苦行僧们也不曾有过如此平静的狂热；他们的声音不如说是尖厉的，因为那是心的叫喊，是猛兽的咆哮，是猫头鹰的凄鸣。脑门发胀，似乎要爆炸；额头上青筋毕露，就像一条条纠结的绳子。靠着神职祷告席的扶手，还在执著地齐唱圣歌的那四五个人，痛苦地吼了一声，一齐把抽搐的脸转向黑洞洞的穹隆。此时教堂里一片沉寂，我们，我们这些肚皮贴背的饿鬼，还有暗夜、大海、山峦，还有被烛烟

---

[1] 萨洛尼卡，希腊第二大城市、海港，现在称做塞萨洛尼基（Thessaloniki）。

与乳香烟熏得窒息的穹顶，以及发出令人不安的呼唤的那几个人，都被这万籁俱寂所包围。最后我闭上眼睛，生出一个幻象，只觉得有一块黑色的裹尸布在空中飘动，布上缀满了金灿灿的星星。我就在那块布里面，可是那些星星都不认识我！

有人把我拖着，朝食堂走去，我就像个木头人，机械地跟随。

长久压抑的气恼蠢蠢欲动，不服控制，准备爆发。修道院的房舍，筑有雉堞的院墙、过时的堡垒、众多的仆役——以及贱民——或者天使般的美人、送进修道院幽禁的人、嘴巴甜蜜的香客、让人心醉神迷的蜜饯、摆设丰盛酒宴的人，还有卡拉卡路那两个热情好客无法形容的修士，以及那个那么矜持、总是暗暗流露出他那气宇非凡却又实实在在的优越的"金花"修士——唉，我就像那因为活力而膨胀，因为快乐而湿润，因为葡萄藤而激动，而且天天如此，永远如此的恬静的大自然，在不倦地将心醉神迷容易收买的香客送来复又带走的大海面前述说这些，已经厌烦了！

看不到女人——在这个什么都缺的东方，女人是稀世之珍，看一眼都难——也看不到战斗、群殴、战争。不过，那边，在圣山僧院管理协会阴暗的大厅里，在长着鬣狗嘴脸或者无法矫正的安福塔斯[1]面孔的九个执委之间，只有阴险的语言布下的陷阱。

---

[1] 安福塔斯（Amfortes）中世纪传奇中圣杯骑士的首领。

看不到儿童！我真不相信自己能够发现这点！尤其不相信能够被这个发现感动！

也看不到小鸡、小驴、鸽子。

只看见男人，而且是孤单的男人，不是饱受痛苦折磨的男人，就是失去了赳赳雄风的男人。不是男人，又是什么人呢？

身体越来越不舒服，脑子估量着形势，也开始不适，并且愈加沉重。怎么办，留下来吗？不行！逃走，逃离圣山，逃离它令人不安的平静，或者，像卡拉卡路的修士，黑奴一样在榛树林里、麦田里、橄榄园里干活，粉刷院墙和室内的墙壁。甚至连这还不如，因为晚上，还是在那里，两手垂放，贴着大腿，目光随着欲念的蠢动，投射……在修士们身上。啊，在圣山的逗留，苦恼而忧郁的日子。然而，一种感恩、感谢和挚爱的感情在我身上油然而生。

酷烈无情的太阳，持久烦人的大海，太烦，太烦！

啊，挣扎，活动，叫喊，创造！

众人在昏睡；浪涛汹涌，晃得人醺醺然，觉得空间崩坍了，溃决了；脑子里杂乱地冒出一些无意识的计划和让人惊愕的希冀。就在这时轮船启碇了，滑行，搅水，对着大海，一头扎进去，然后毅然掉头，向南驶去。我们呢，仰面躺在形形色色的乘客中间，只见一轮满月，仍然藏在云翳后面，朦胧的月光下一切都是蓝幽幽的，那金字塔形的圣山，大理石的三面巨坡，巍然地俯临我们，将其布满堡垒一样的修道院的山腰呈现在我们眼前。修道院里，一身黑衣的修士、雉堞和院墙都历历在目。

于是东方灵魂那无与伦比的宁静和悲凉的潜力先是化作幽怨，接着化作歌声、单调的旋律、连祷、喉咙与鼻子发出的喊叫，缓缓地升起。而这一切声音，得到一把非常怪异、又大又美的吉他伴奏，备受这些喜欢听歌之人、我们为数众多但互不相识的旅伴尊重。在这条由某人或某家公司租用的轮船上，乘客的等级分得并不清楚，船员们也化整为零，混在我们中间听歌。有些人是去耶路撒冷的，有的则是从波兰的罗兹和乌克兰的基辅逃出来的，有去麦加朝圣的伊朗人和高加索人，另一些十八九岁的年轻人，则是成群结队去美洲逃避兵役的土耳其人，总之这一切，连同这条船，都是奇奇怪怪的。就连我们这些去拜谒卫城的人也是如此。我们怀着一个梦想，一个憧憬，一片痴狂。

夜色进入我们的视野，幽暗，温柔。圣山不见了，但那么多星星还在那里闪烁！

帕特农

如果能够，我要给这篇叙述全部涂上赭红色，因为这里的土地上没有绿色，似乎都是在窑里烧过的黏土。广阔的地面上，散落着黑灰色的碎石。只有几座峭岩或者峻岭锁住平地的延展。山岩延伸进众多小湾的波涛里，海水与岁月都没有磨平它们粗糙的构造。它们的边缘融入了广阔、干旱、荒芜的红土地。从埃勒夫西斯（Eleusis）[1] 到雅典，每走一步，都见到这样的景象。

大海总在你眼前，正午它显得灰白，傍晚则被云霞烧得通红。它成了丈量天边山岭高度的标尺。无垠的空间原本使圣山的图景变得柔和，可是退缩的风景却无法再这样从中得益。雅典卫城这座山岩独自从一个封闭的区域拔地而起。比雷埃夫斯港（Piree）[2] 外，偏左一点，当波涛上升腾起一股烟气，人们就感觉到大海近在眼前，就知道船队进港了。我们背后，是伊米托斯（Hymette）和彭特利库斯（Pentélique）两座嵯峨的大山，这两道彼此邻近的屏障让我

---

[1]　埃勒夫西斯，希腊城市，在雅典以西约二十三公里处。古典时期，这里有祭祀得墨忒耳的圣殿。——编注

[2]　比雷埃夫斯港，Piraeus，雅典市中心西南十公里，自古典时期就是雅典的港口。现在是希腊最重要的海港，而且几乎与雅典连成一体了。——编注

们把目光转过来，转向前面满是沙砾的小港湾：比雷埃夫斯湾。卫城，其平顶上承载着神庙，就像含珠的贝壳，吸引着游客的兴趣。人们拾蚌只为珠。神庙是这里成为风景胜地的理由。

多么明亮的阳光啊！

中午，我看见群山和炽热的空气在一大盆似熔化的铅一般的水上颤动。

一块阴影投在地上，就像是开了一个洞眼，此外再无半块阴影。风景单一的红色与神庙融为一体。蓝色的天幕上，神庙的大理石闪射出崭新的青铜光泽。其实走近一看，它们与砖瓦缸陶是一样的红色。我一生中从未爬过颜色如此单一的山岭。肉体、精神、心灵在屏息等待，蓦然一下被深深打动了。

现在，神庙方正的轮廓、无可挑剔的结构、苍凉的景色都得到了证实。强悍的精神取得了胜利。这个过于清醒的传令官把青铜哨笛含在嘴里，发出尖厉的叫声 [1]。线条冷峻僵硬的柱上楣构被压垮了，害怕了。你会生出一种超乎人类命运的感觉。帕特农神庙这架可怕的机器居高临下，统治着游客的心情。四个钟头的路，一个钟头的艇，我们从这么远的地方来，在这方圆地界，唯有它自己的庞大躯体当家作主，面对大海。

我们在这个苍凉的景点压抑了几个星期，我曾希望来一场暴雨，用大水与烂泥来淹没神庙声音尖厉的青铜哨笛。

---

[1] 帕特农盘踞在雅典卫城，像是向城内通报来人信息，又向来人传达城内命令的官员。

　　暴雨果然来了，透过密集而硕大的雨点，我看见山冈忽然一下变白了，神庙像一顶王冠，在墨黑的伊米托斯山和遭受暴雨肆虐的彭特利库斯山的衬托下熠熠闪光！

　　白昼炎热。我们待在船头。那里张挂着布篷，囚禁了空气。我们结识了两个俄国女数学家。她们显得身强力壮，眼睛大大的，很有些男子气概。她们喜欢聊天。我们在船上的时间既不阅读，也不写东西。傍晚来临了，因为厨师端着一些盘子露面了，盘子里装的是油炸小章鱼——迈锡尼的章鱼。乘客们都从躺椅上起身，坐到缆绳上。有一道铁梯通到厨房。我们就从那里下去，亲自动手，用一个唧筒压水喝，还从一个木桶里倒出了醇美的西西里葡萄酒。老实的厨师是锡拉库萨人。我们对他说："好家伙，这酒真不错！"（Diovolo，il vino e buono！）我们会的意大利语，差不多就这两句。不过厨师还是感到高兴。上甲板时，我们与统舱里拴的公牛擦身而过。它们一共八百头，八百头色塞利（Thessalie）[1] 的公牛，是前天半夜在萨洛尼卡上船的。那夜一轮皓月，满天清辉。它们被牛倌赶着，从两道栅栏之间来到码头上。吊车的吊具吱嘎作响。强有力的吊钩迅速下到它们头上；两只牛角上飞快地结好一个绳扣。随着一道简短的命令，吊钩就带着吊在下面的这一大堆肉升起来，在空中划出一个大大的弧圈，来到船舱上

---

[1]　色塞利，希腊中部地区，以农业和畜牧业著名。

方。待到吊车将缆绳放下，公牛就像货包似的落到船舱里，脊背着地躺在舱板上，骨碌碌地转着惊恐的眼睛。不等它明白怎么回事，牛倌就抓着它的鼻环，将它牢牢地拴了起来。货舱里挂了一盏灯，隐隐照出两个大胆的牛倌敏捷的身影。

天空完成了它的变化，最后一丝绿光在水面上熄灭了。一颗星星，会从一道波浪的某个面上，反射出光芒。甲板上的乘客都走了，只剩下我们三四个人。奥古斯特隔一阵就要往烟斗里填一锅烟丝，这是温馨的时刻。一种感动在蔓延，我喜欢回忆在东方的感受。那些往事与在圣像屏上看到的那些金光闪闪的天空糅合在一起。我眼睛盯着同一个地平线，总是同一地平线。夜阑人静，万籁俱寂。值班的高级船员有一阵简短的交接班，接下来，高高的舷梯上就响起瞭望水手单调的脚步声。透过驾驶室的玻璃窗，看得见两个船员在用力扳着方向舵：在这个万物入眠的时刻，唯有这颗心在跳动。

我在圣山的普罗多摩斯修道院买了一块罗马尼亚花地毯。在海上旅行的日子，每夜就在甲板上裹着这块地毯，宿在美丽的星空下面。滚滚波涛被船头柱犁开，沿着长长的船舷往后退，擦过被螺旋桨的运转震动的船体，发出喋喋不休的抱怨。有什么样的连祷声比这还要温柔，更能催你入眠？到后来，来来去去的人声打乱了这一夜的宁静。黎明之前，我们进入一个海峡。大船不声不响，不烦不躁，已经连续航行了两天。右舷这边的是埃维厄岛 (Eubée)，一条隐隐约约看不清楚的长丘。奥古斯特和我低声交谈。想到今晚就要见到那些不朽的大理石，着实感到了内心的激动。

随着方向舵的旋转，船头绕了一个大弯。现在除了背后，我们的前面和左右两边都是陆地。海水在陆地间钻出一条缝，流进去。噌，这边是阿提卡，那是伯罗奔尼撒半岛[1]。那是白色灯塔。旁边挨得很近的，是一个港口。这是一些特别险峻的山，与斯库塔里后面的山岭和布尔萨城那些山不同。海面上一片荒凉静寂。这个黎明时分，若是在君士坦丁堡，早有无数小划子，满载着果蔬西红柿，像一只只硕大的腮角金龟，手忙脚乱地快速朝城市划去。而在这片海域，却连一条小船也见不着。这个褐色的国度就像一片荒漠。远处，正对着港口的中心线，背靠着弓一样散开的大山，耸立着一座形状奇特的山岩。平坦的顶部，右边一座黄色的建筑物。帕特农和雅典卫城！……但是我们不敢相信，甚至都没有想到，我们的思想也没有在这上面停留，因为我们失去了方向感。轮船没有进港，继续往前航行。

那个具有象征符号的山岩被一个岬角挡住，看不到了。海面又变得极为逼窄。我们围着一座岛屿绕了一圈。真是疯了：只见十几二十条轮船都挂黄旗，停泊在岛边！黄旗表示发生了霍乱，也就是希腊的卡瓦斯旗，从黑海到马尔马拉海上的土斯拉，我们晓得这旗帜的意思。螺旋桨忽然停止了转动，铁锚也抛了下去。

---

[1] 阿提卡，古希腊地名，包括希腊半岛东南部临海一面及其背后的大片内陆，现在是希腊的一个大区，首府是雅典。伯罗奔尼撒半岛，希腊最大的半岛。

我们的船停在海面上，也升起黄旗。乘客们都大惑不解，船上一片骚动，普遍感到不安。船长非常气愤，突然变粗鲁了，咆哮着，破口大骂。一些小船出现在海面上。来呀，雅典的乘客！船上一片混乱。男男女女，提的提箱子，搂的搂包袱，飞快地从舷梯上滚下去。喊叫、辱骂、吵闹、威胁响成一片，而且是用各种语言！桨手们把我们送到一个小码头上。那里有个戴白色鸭舌帽的先生，势利得很，对富人点头哈腰，对穷人吆三喝四，凶相毕露：原来他是个小公务员，一个坐皮转椅的家伙！码头上有一些临时营房，中间被栅栏隔开，原来要实行隔离检疫！

在一座广场大小的破荒岛上隔离！愚蠢的隔离，不合情理的隔离：这个隔离检疫所，其实就是个霍乱[1]之家。在大陆是公务员，到岛上就成了骗子、坏蛋。对创立这种检疫制度的希腊政府来说，这是一种耻辱。把你在那里关四天，晚上与一些陌生人共睡一室，挨臭虫、虱子咬，白昼遭烈日暴晒，可恶的岛上竟无一棵树可以遮阴，直到把你折腾得差不多了才算完。岛上有一家餐馆——何其堂皇的名字！其实就是个宰客场。餐馆的老板，似乎是个议员，竟让人把淡水卖到四角法郎一升。伙食差得没法说，价格却高得离谱，可你要不吃，就得挨饿。啊，要是那些一个德拉克马都算一笔大钱的穷人，到这里该怎么办呢？[2]

---

[1] 亦有坏蛋之意。

[2] 希腊银币名，一德拉克马相当于一法郎。此处提供一个数据：我当时从布拉格到雅典，旅行五个月，总共才花费 11 百法郎（1911 年的老法郎），其中包括照相机的耗材。——作者注

我们所在的地方就是萨拉米斯湾（Salamines）的圣乔治岛，
对面是埃勒夫西斯。历史啊！你且来碾碎这个卑劣的时代吧！曾
经上演过威武雄壮的历史大戏的地方啊，被一些不肖子孙利用，
给你们抹黑，我们就是在这种情境下初识你们的尊容的。我们在
该岛的游客留言簿上一致写下了抱怨。可是在我们的批评旁边，
一种狭隘盲目的爱国主义却留下了稚气的溢美之词。赞美者是一
些叫帕帕普洛斯、达诺普洛斯、尼柯莱斯蒂欧、菲塔诺普洛斯……
的人，谁知道呢？对实行这种可恶隔离办法的人，这些赞美也许
足以带来荣誉性的补偿。

我心里涌动着一股激情。我们是在上午十一点到达雅典的，
不过我想出种种借口，不想立刻就去"那上面"。最后我向好朋友
奥古斯特解释，我不会与他同上卫城。因为我心里有事，感到焦虑、
亢奋，他最好把我留下，自己先去。于是我整个下午都泡在咖啡馆，
阅读从邮局取来的一大包邮件。最早的邮件寄到这里有五星期了。
然后我就在街巷里乱转，等待日头西落，计划到"那上面"去结
束白昼，然后下来只需上床睡觉就行了。

雅典卫城一直是我们的一个梦想，虽说我们没想过怎样实现
它。我也不大明白，这个小山冈为何就体现了艺术思想的精粹。
我知道那些神庙美在什么地方，我承认其他任何地方的神庙都没

有这样独特非凡，我早就同意这里保存了神圣的标准，是所有艺术批评的基础。为什么是这里的建筑，而不是别处的？我希望是这样：这里的一切有逻辑，都是按照最简洁最不能省略的数学公式设计出来的。有时并不情愿，却还是被带到这里。为什么我们现在把心带到卫城的山冈上，带到神庙脚下？在我心里，这是一个无法解释的问题。我的整个身心早已痴狂地迷上了别的种族、别的时代、别的地区的作品！可是当帕特农突然在石头基座上出现时，我为什么还要在那么多人之后，认定它是个无可争议的主宰，为什么还要向它的至尊地位顶礼膜拜，即使心有不甘，带着怨愤，也不得不折服呢？

当我毫无保留地对伊斯兰文化大表仰慕之时，就已经预感到对帕特农的崇拜。今晚，这份崇拜将会洋洋洒洒地表达出来，那种气势，就像百人合力吹号，发出的一片轰鸣，甚至倾盆大雨的声音。然而，我想起了在斯坦布尔的经历。我对那里寄予了那么大的希望，却是在工作与期待了二十天之后，才得到了它的秘密。因此，我在走进卫城山门的时候，有意存着一分疑虑，一分认为最痛苦的失望在所难免的人才有的疑虑……

帕特农那巨大的身影一出现，就让我挨了当头一棒似地愣住了。我刚刚跨过神圣山冈的山门，就看见孤孤单单、方方正正的帕特农稳立在眼前，用那铜色的立柱高高地举起它石头楣构、石头

211

檐额。神庙下方，有二十来级台阶充作基座，将其拱抬。天地之间，除了这座神庙，以及饱受千百年损毁之苦的石板阶地，别无他物。这里也看不到半点外部的生命迹象。作为唯一看得见的存在，远处的彭特利库斯山是神庙这些石头的提供者，至今山腰上还留着当年采石的创口，而伊米托斯山则通体披着大富大贵的紫红袍。

神庙下方的台阶太高了，不是为人类度身打凿的。上了那些台阶，我就踏着第四与第五根石柱之间的中轴线，进入神庙大门。我转过身，从这个从前只留给诸神和神职人员的位置，把整个大海和伯罗奔尼撒半岛尽收眼底。大海被晚霞烧得彤红，远山已经罩上阴影，很快就会被日头这个大圆盘咬住。山冈的峭壁和山门石板地上高耸的神庙，遮掩了所有现代生活的痕迹，突然一下，两千年的历史就被抹掉了，一首粗砺的诗一把将你攫住。你把头埋在掌心，无力地倒在神庙的一级台阶上，听凭那诗将你猛烈地摇撼，于是你周身开始震颤。

夕阳将把它最后一道余晖投在这陇间壁和光滑的过梁上面，穿过立柱之间，射进前屋后侧敞开的门。阳光唤醒了躲在顶盖塌陷的神殿深处的阴影，可惜很快就弥散了。立在神庙北面的第二级台阶上，也就是立柱止步的地方，我顺着第三级台阶的水平线望出去，看到了爱琴海湾的那一边。在我的左肩，耸起一道想象的高墙。那是一根根立柱上鲜明的凹槽不断重复，才形成了这种虚拟的印象。

它像铜墙铁壁一样坚不可摧，而托檐石滴水，就像铜墙铁壁上的铆钉。

正是日薄西山时分，响起一声尖利的哨声，驱走观光客，四五个[1]已经在雅典朝过圣的游人跨过山门的白色门槛，从三个门洞中间的一个出去。他们在台阶边停下来，吃惊地打量脚下，就像观察一个光线幽暗的深渊。他们耸起肩膀，感觉海面之上飘浮而来熠熠闪光的、来自往昔的幽灵，一种无可逃避难以言说的存在。

在用打凿过的石料砌成的二十米高的基座上，耸立着无翼胜利女神神庙（Le Temple de La Victocre Aptère），它就像一个瞭望大海的哨兵，俯瞰着左边橙色的海面，在火红的天幕下，它内室转角上那爱奥尼亚柱变成了剪影。那些石头被打凿得细细长长的，献给胜利女神。

此时，还剩下一个美妙的黄昏，城里一段长长的散步，可以用来平息我的激动。与一个好友携手并肩，在这个如此欢快明丽的城市的大街上走走，会是一种惬意的享受。在这天晚上，好友出于自身的感情，会心照不宣地静默，平静渐渐充满内心。

山冈顶部的轮廓是封闭的，用团团转转的台阶将神庙围得水泄不通，并把神庙那参差不齐、排列紧密的立柱向天空投去。通往帕特农的山路陡峭，台阶是在山岩上直接凿出来的，这

---

[1] 其时正是霍乱大爆发的年头，外国人都不敢去那里观光。——作者注

成了游览路上的第一道障碍。不过这还算不了什么，悬突于台阶之外的大理石高坎，才是最难攀登的。神职人员从神殿里出来，站在门廊下，侧旁背后都感受到大山的怀抱。他们的目光从山门上方平射出去，直达大海和临海的远山。帕特农耸立在一个小港湾中段的幽深之处。太阳从早到晚，不停地描画自己移动的路线。傍晚，气温炎热，光线就在神庙的中轴线上衔接大地。高台周围嵯峨的石山自有本事，把一切生命迹象剔除得干干净净。敏捷的精神飞到一个不可能再造的过去，惊喜之余，便一头扎了进去。即使这些外在现实——那海，那几座神庙，那山，那所有的石头，那水——即使它只是一个富有创造性的大脑一时的英雄般的梦想，也是美丽的。多么神奇的事物啊！

身体的感受非常舒畅：深吸一口气，舒展了胸腔。让欢悦推着你在裸露的、没有了昔日铺路石的岩体上行走，并让你由欢乐而生出景仰，推着你从智慧女神密涅瓦的神庙（Temple de Minerve）[1] 走到雅典王厄瑞克忒翁神庙（Temple d' Erechtée），再由那里走到山门。从山门门廊，看得见帕特农在其稳坐高处的实体内，将水平额枋的影子投得很远，并将自己的西立面盾牌一样迎向这片协调的景色。神殿上方残留的一段饰带，雕刻着敏捷的骑士奔驰的画面。我的眼睛虽然近视，却也看见他们在那高头策马疾行，就和近在手边一样清楚。浮雕凸起的厚度，与承载它们的

---

[1] 即帕特农。——编注

墙体比例十分贴合。八根圆柱服从一个一致的法则，一齐从地面冒出来，似乎不是被人一截截垒起来的，而是让人以为它们就是从地心深处长出来的。它们开槽的表面猛烈的上拉把眼睛引向无法估量的高度，在那儿，光溜溜的额枋压在托石之上。一排滴水下面，陇间壁和三陇板的组合把游人的目光带往神庙的左转角——对面方向最远的柱子，使得他一瞥之间抓住一个体块，一种从下到上，以机器主义者所能做到的精确数学笔直切割的巨大几何体块。而西面山花的尖部标志着这一片空间的中心，其与山海日月的同在，强化了立面以及所朝方向的亘古不变。我认为可以把这种大理石与新铸的青铜来做比较，除了这样来描绘大理石的颜色之外，还希望青铜一词能让人想到这座奉一道威严神谕而建造的大厦里那轰然的鸣响。这片废墟含有那么多谜，让人无法理解，它就像一把锋利的铁锹，不断掘宽心灵感觉与理智衡量之间的鸿沟。

离那里百来步，有一个为桀骜不驯的巨神[1]接受的存在，那就是有着四张面孔的快乐神庙，即厄瑞克忒翁神庙。它坐落在四面光墙的基座上，周身开满大理石花卉，有血有肉，活泼泼地朝你微笑。

其风格是爱奥尼亚样式——而额枋是波斯波利斯[2]式（Persépolifanes）的。昔日曾有人说它是用黄金镶嵌宝石、象牙和乌木建筑的；庙宇的亚洲趁它认为能够让人开颜一笑的时候，

---

[1] 指帕特农。

[2] 波斯波利斯，古波斯都城，为大流士一世所建，有气势宏伟的宫殿。公元前330年遭亚历山大大帝劫掠，宫殿被毁，废墟上残留的石柱特别令人惊叹。

出其不意但又诱人地将一丝困惑投入这道自信的目光。不过，谢天谢地，时间自有其理性。我向眼前恢复了这片单一颜色的山冈致敬。在此，有必要指出六个女雕像的神态。她们都穿着衣服，面对上文描述过的帕特农神庙，托着石头齿饰楣构。这是阿提卡地区首次出现的。这些女子格外严肃，似在沉思，但是身体僵直，看上去似乎在微微发抖——也许此处最最具体地表现出了显赫的权势与威风。于是乎，有四张面孔的快乐神庙给每一边天空呈现的是不同的面容。雕刻着睡莲和莨苕叶的饰带，与棕榈叶这超自然的素材合在一起，装饰着神殿。额枋上清晰可见的榫孔，证明上面曾经安装过一些载歌载舞的女雕像。那些刻有浮雕的大理石板材肯定藏在哪家博物馆里，但到底是哪一家，我却记不起来了。而在神庙北面，巨大的陡岭上，笔立着由产自比雷埃夫斯城的石头砌就的围墙，石块其间夹杂着一截截古代砌柱子用的鼓形石墩。至于这个会让人油然生出伤感的四柱前廊表达的是什么意思，我就不清楚了。不过心情平复之后，我还是愿意在新砌的石墙保护之下走回山门，在满地的残石断柱之中，去解读帕特农。

　　从空气清新的早上，经过让人陶醉的中午，直到傍晚，我们都待在遗址上。我们就在这个美梦和噩梦中度过了一个个白昼，一个个星期。当遗址看守者的哨声把我们从梦境中拉回来，推开有三个大门洞的围墙外面，我们才恋恋不舍地离开。我曾说过，这个时候，山门下面，已是夜色初起，一片苍茫。

我们这些建筑师了解和思考这里是有益的。

卫城的神庙至今已有二千五百年。已经有十五个世纪之久的时间没有对它进行维修和保养。不仅暴风雨经常来此肆虐，而且比地震更为恶劣的，是人类也住到了山冈上。穴居人不费气力就得到了建房的材料，肯定为这样的便宜事惊愕得发呆。不管是大理石板还是大理石块，他们需要什么就拆走什么，还用柴泥拌碎石，胡乱地搭建一些窝棚，给那些又哭又闹的孩子居住。土耳其人把它作为一座要塞。这是个多么好的攻击目标啊！1687年的一天，帕特农成了一座火药库。在来军发起攻击的当口，一发炮弹掀开了神庙的顶盖，点燃了里面的火药，引起了爆炸。

可是帕特农仍然存在，虽然被撕开炸裂了，却没有被推倒铲平。喏，你在那些凹槽柱上摸一摸，尽管这是由二十截鼓形石段砌起来的柱子，你却摸不出砌口。虽然岁月沧桑，每块大理石的色泽起了轻微变化，可是指头在上面却什么也摸不出来。确切地说，砌口根本就不存在。凹槽刚劲的棱边上下笔直，没有丝毫错位，就像在一块石头上凿出来的！

你走到山门一根柱子前，趴在地上，观察柱子的基础。首先，你是趴在一块铺砌石板的地面上，其水平度就和理论上一样绝对。

然而，这些大理石板、大理石块却是落实在一块人造地面上。基础深厚，或者更确切地说，柱子是稳稳扎扎地砌上来的。柱础上雕有二十四道凹槽，环绕一周，就像碗边，凹槽之间的差别约摸两三毫米。虽然至今已逾二千多年，可是这道细微的雕饰却仍然新鲜、清晰、明快，好像雕刻家是昨天才收拾好榔头凿子离开工地的。

开有三个门洞的那段墙，正中的门洞开得大一些，好让参加雅典娜女神节的彩车可以长驱直入。墙面拼砌得精确完美，丝丝入扣，使你一见之下就忍不住要在上面摸一摸，而手掌一旦在上面摊开，你就想深入这片千块碎石组成的幻景：墙面就和镜子一样光滑，用相反的纹理拼砌成装饰图案。哦，不过，我们千万不要观察那些被爆炸崩过来的碎石！不然，你会和我一样，为一种无与伦比的艺术遭受的毁灭而伤心，也会因……想到我们这些 20 世纪人的所作所为而羞愧。

原先立在帕特农左边的柱子，整根整根倒在地上，被抛了出去，就像一个劈面挨炸的人一样。一截截砌上去的鼓形石墩被甩散了，就像一条断链上的一个个链环。如果没有见过它们原来的高度，人们决计想不出它们是干什么用的，也不会认为它们出自公元前五世纪古希腊大建筑师伊克蒂诺（Ictinos）之手。它们的直径超过了一个人的身高。在卫城，一个没有任何人类通用的衡量尺度的荒郊野地，人的身高已经是很大的尺度了。此外，我们不能想象这种柱子的直径和我们中欧某些畸形建筑物的柱子直径相同，因为那些建筑物都是维尼奥拉[1]制造的不伦不类的杂种！

在统一的额枋下面，把楣构整个重量传递给柱子的是一处造型优雅的体块，柱头上几乎没有弧面的钟形圆饰是由三段环线连接出来的，三段环线的宽度不过一指的厚度。与面与槽相比，每道环线都是毫米级的（看看这个掉落在地的柱头就知道了）。这么精细的线条，一个察觉不出的疏忽，就会将其磨灭。在残石断柱上（有用的证据）测得这些不同寻常的数据之后，想象它们在檐口阴影下的位置[2]，并确定它们不可或缺的作用是一件很美的事情。

这是在卫城启示性的光亮照耀下辛苦工作的时刻，也是危险的时刻，它们可能引起对我们的能力和技艺令人痛心的怀疑。显然，无与伦比的古希腊文化就体现在刚才描述的内容里，伊克蒂诺、卡利克拉特[3]和菲迪亚斯[4]等建筑大师的名字就与这些钟形圆饰上的环线，与神庙极其精确的数学连在一起。

从事建筑艺术的人，当他处在职业的某个时期，头脑空空，心怀疑惑，却要赋予一种死亡材料以鲜活形式。他们一定理解，

---

[1] 乔科莫·达·维尼奥拉（Giacomo Barozzi da Vignola, 1507—1573），意大利建筑师，以建造神殿闻名。

[2] 在二十多米的高度上——在这首次东方旅行之初，我尚未养成习惯，去测量引我注意的物体的准确尺寸。不过从这次以后，我就养成了这个习惯。所有建筑的关键问题，我所称的"举起手臂的人"就是由此得来的。——作者注

[3] 卡利克拉特，Callicrates，公元前5世纪中叶的古希腊建筑师。

[4] 菲迪亚斯（Phidias, 前490—前431），古希腊伟大的建筑师与雕刻家。

我在一片废墟之中，与那些无言的石头做着冷冰冰的交谈，这种内心独白是何等伤感。肩负着一种沉重的预感，我离开卫城以后，常常不敢设想有一天必须工作。

许多天晚上，我从俯瞰卫城的里卡贝特山（Lycabette）的斜坡上，目光越过现代雅典城，看到遭损毁的山冈亮起灯火，那个大理石的瞭望岗，也就是帕特农，立在山冈顶上，似乎要把卫城驶向比雷埃夫斯港，驶向那条处于圣路的大海。曾有那么多征服来的财宝通过此路运到这里，排列在神庙的密室里。岩体犹如一条船，又像是一具沐浴着这红土上方余晖的悲剧尸骸。神庙这个铁着面孔的领航人，正伸展腰身，使出浑身力气来保持方向。一条光蛇亮起来——灯火辉煌的大马路绕过苍凉的山架，转向右边，奔向活跃着一种现代生活的广场。

接下来是一幕地狱般的场景：一片闪闪灭灭的天空在海里熄灭。伯罗奔尼撒半岛的山峰等待着暮色的阴影将自身淹没。当暮色将所有坚实的物体都纳入怀抱时，整片景色就会悬浮成海上的一条水平线。而把天空与大地的夜幕纽结在一起的暗扣，就是黑色的大理石领航人。从阴影里跳出的柱子承托着模糊的脸，但是柱间泄露出光芒，就像着火的轮船上从舷窗喷出的火焰。

今日，我再度穿越那一大片布满碎石的废墟。为了抵御1911年在整个东方肆虐的霍乱，我曾饮了太多的乳香酒（mastic）[1]。在陆地的迷茫之中，一个从前奉献给秘密的小海湾敞开了自己的怀抱，它就是埃勒夫西斯！在古建筑的遗迹中间展开的想象重构了大理石的额枋与海平线之间的对话。观光客虽是外国人，却还是聆听了它们的交谈。天空一片黑暗。倒翻的大熔炉把青铜的波浪泼到大小海湾，又用自己的穹隆盖住。有几座岛屿像炉渣，在深海漂浮。小火车带着我穿过几种试种的植物，很快我们就来到一个山冈高处。流云像一座座沉重的圆岭，压迫着半圆的海湾。一片荒凉的沙地上，生长着三株盘曲虬结的松树。犬牙交错参差不齐的远山，撕开了最后一片夕晖的粉红扇面，帮助夜的黛绿深入暮色中苍茫的悸动天体。

我醉意全无，只感觉到一丝寒冷。我已有许多日子这样孤身一人，从柏林开始，在欧洲漫游，迄今已过了七个多月。现在生了病，浑身乏力，无精打采。我像平时一样来到一家闹哄哄的咖啡馆。尖厉的提琴声直刮我的心。又是那种豪华酒馆和不良场所的音乐，那种场所，是欧洲进步无法避免的先驱。

时至今日，乳香酒我还是喝得太多。我看见有人抬着死人在街上行走。死人发绿的面孔露在外面，上面叮满苍蝇；然后看见了穿黑袍的东正教教士。

---

[1] 东方一种苦艾酒的前身，1914年第一次世界大战时被法国禁止进口。——作者注

每一个子时，那里都在死去。第一印象是最好的印象。惊喜，崇敬，接下来，就是厌恶。好感逃离了，不辞而别。我从石柱和冷漠的额枋前面悄然走过，我不愿意再去那里。当我从远处看着它的时候，它就像是一具尸体。结束感动吧。这是一门命中注定逃避不了的艺术。就像一个伟大而不变的真理一样冰冷。——不过当我在笔记本里看到一幅斯坦布尔的速写时，心又热了起来！

然而今日，我更得决定我的下一步行动。在翻阅归档在考古学院文件夹里的数千张照片的时候，我看到三座金字塔的图片。而今吹移沙丘的劲风从我脑子里扫除了俄狄浦斯的痛苦。几个月来在东方感受的震惊慢慢消失了。这里的风土人情容易理解了，建筑物也熟悉了。于是我渴望深入意大利的一个角落，参观一家卡尔特会修道院[1]……

我打定主意：不再去接触一种新文化。考察金字塔的行动规模太大，而我又太疲乏。我将朝意大利的卡拉布里亚海角，而不是朝塞浦路斯进发。我不会去参观奥玛尔（Omar）清真寺和金字塔……

不过我的眼睛见过卫城，我用双眼写作，然后充满喜悦地离去。

啊！

光明！

大理石！

[1] 指艾玛修道院。——编注

单一的颜色！

所有三角山花都被废掉了，但不是帕特农的山花。这个面朝大海的沉思者，这个来自另一世界的建筑。它打动一个人，并把他托举到了世界之上。完美的卫城，圣咏的卫城！

我感到了回忆的快乐。这一切就像我身体的一个新部分，我要带着它们，永不分离。

在西方

在意大利的所见所闻把我深深地打动了。我过了四个月非常简单的生活：大海、石山和同样的条件——在土耳其是清真寺、木屋、墓地；在圣山是唯一的拜占庭教堂、周围像监狱一样封闭的修道院；在希腊是神庙和窝棚；大地光秃秃的，毫无植被。生活集中在小镇是自然的。外界的事情难不倒小镇居民，他们什么都知道。从布林迪西开始，我见到了各种风格的房屋，还有各种花草树木！众山都是一副面孔。而风格却复杂化了，常常是多种风格混杂。

土耳其人身上的一切都使他们很容易被人认出来。他们彬彬有礼，表情严肃，他们尊重现存事物。他们的建筑巨大、宏伟、壮丽。伟大清真寺前的广场上的那些夜晚，多么一致！多么明智！多么坚定不移！

我们的进步为什么这样丑陋？血液仍然纯洁的民族为什么总是急迫地把我们最差的东西学走？我们真的热爱艺术？继续这种热爱是不是干巴巴的理论？难道人们不会再创造和谐？圣所还存

在着，但疑惑永不停止。在那里面，我们置身过去，对今日之事一无所知；在那里面，悲剧紧挨着狂喜；在那里面，因为感受到完全的孤立，我们里里外外都受到震动……正是在卫城，在帕特农的台阶上，在大海的另一边我们看到昔日的现实。

我都二十岁了，可我无法回答……[1]

1911 年 10 月 10 日夏尔—爱德华·雅内莱写于那不勒斯
1965 年 7 月 17 日勒·柯布西耶重读于南热塞与柯利街 24 号

---

[1] 此句由作者在 1965 年所加。

地图

柯布西耶东方旅行线路示意图

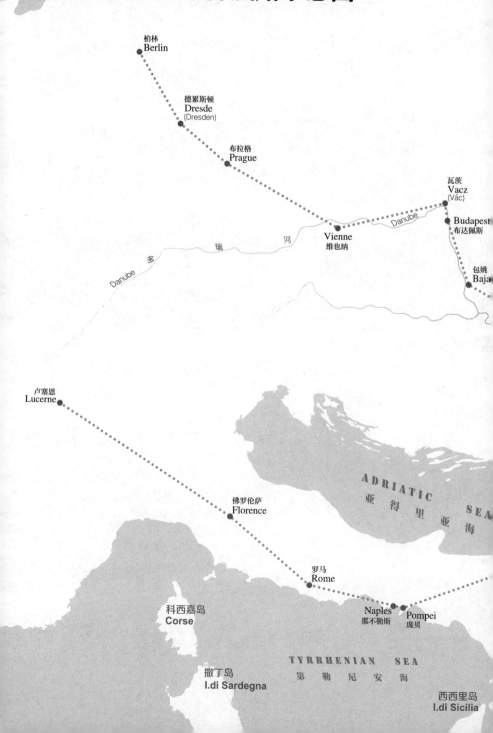

柏林
Berlin

德累斯顿
Dresde
(Dresden)

布拉格
Prague

瓦茨
Vacz
(Vác)

Budapest
布达佩斯

Danube

Vienne
维也纳

多
瑙
河
Danube

包姚
Baja

卢塞恩
Lucerne

佛罗伦萨
Florence

ADRIATIC
亚 得 里 亚 海
SEA

罗马
Rome

科西嘉岛
Corse

Naples
那不勒斯

Pompei
庞贝

TYRRHENIAN SEA
第 勒 尼 安 海

撒丁岛
I.di Sardegna

西西里岛
I.di Sicilia

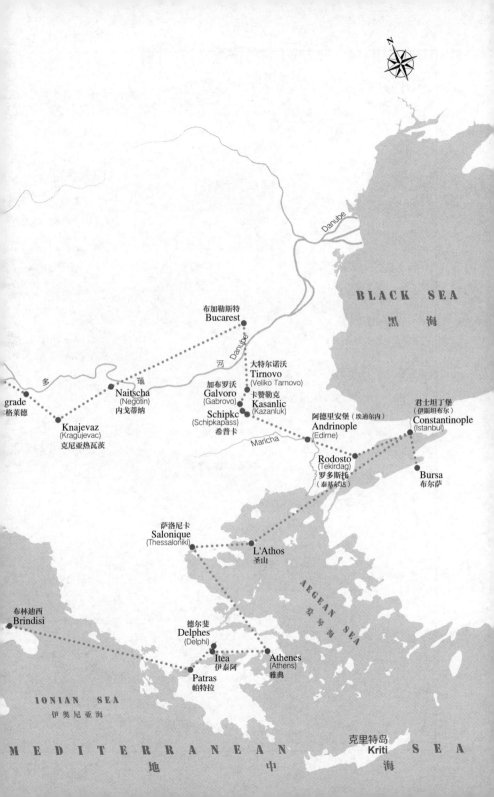

埃于普
(Eyoub /Eyüb)

埃旺萨雷
(Avan Serai /Ayvansaray)

金角湾(哈利布湾)

(Mura di Teodosio II)

夏尔-爱德华·雅内莱
(勒·柯布西耶)
租住过的公寓

卡西姆帕夏街区
(Kassim-Packa
/Kasimpaşa)

(LA CORNE D'OR/HALIÇ)

萨利姆苏丹清真寺
(Sultan Sélim Camii)

城
世
二

米里马帕夏清真寺
(Mirimah Pacha /Mihrimah Paşa Camii)

浮

麦哈麦德苏丹清真寺
(Sultan Mehmed /Fatih Camii)

托帕卡皮门
(Top Capou /Topkapi)

吕斯泰姆帕夏清真寺
(Roustem-Pacha /Rüstem Paşa Camii)

西

引水渠
(Aqueduc)

穆罕默德
夏清真寺
(Mahmoud Paşc
Mahmut Paşa Ca

多
默
尔
狄

什赫萨德清真寺
(Chah Zadé /Şehzade Mehmet Camii)

苏莱曼清真寺
(Süleymaniya Camii)

大巴扎
(Grand bazar)

斯坦布尔
Stamboul

巴雅齐德清真寺
(鸽子清真寺)
(Bajazid La Mosquée
/Beyazit Camii)

火烧柱
(La Colonne Brûlée
/Çemberlitaş)

努里奥斯曼清真寺(郁金香清真
(Nouri Osmanié,La Mosquée des Tulipes
/Nuruosmaniye Camii)

N

夏尔-爱德华·雅内莱(勒·柯布西耶)的
伊斯坦布尔

佩 拉
Péra

朵儿玛巴切皇宫
(Bèchigtache/Dolmabahçe Sarayi)

塔克西姆广场
(Taksim)

BOSPHORE /BOGAZIÇI

田园
s Champs /Tepebaşi)

拉塔塔
a Tower)

少女塔
(Kız Kulesi)

斯 库 塔 里
Scutari /üsküdar

代清真寺
Djami /Yeni Camii)

东方快车火车站
(Sirkeci)

托帕卡皮宫
(Top Capou/Topkapi Sarayi)

地下水宫
a Cistern)

圣索菲亚
(Sainte-Sophie)

竞技场
(Hippodrone)

博 斯 普 鲁 斯 海 峡

艾哈麦德清真寺
(Sultan-Ahmet Camii /Blue Mosque)

阿提卡示意图

阿提卡

埃勒夫西斯
(Eleusis)

里卡贝特山
(Lycabette)

彭特利库斯山
(Pentelique)

马拉松
(Marathon)

勒·柯布西耶的
"卫城-山-海"轴线

萨拉米斯岛
(Salamines)

萨拉米斯岛
(Salamines)

泾乔治岛

卫城
(Acropolis,Athens)

比雷埃夫斯
(Piree)

伊米托斯山
(Hymette)

卡
(ATTIQUE)

萨罗尼科斯湾

SARONIKOS KOLPOS

派塔利阿湾

KOLPOS PETALION

爱法伊娥神庙
(Temple of Aphaia)

埃伊纳岛
(Aegina)

马克罗尼索斯岛
(N.Makronisos)

苏尼翁
(Sounion)

波赛冬神庙
(Temple of Poseidon)

0   600m

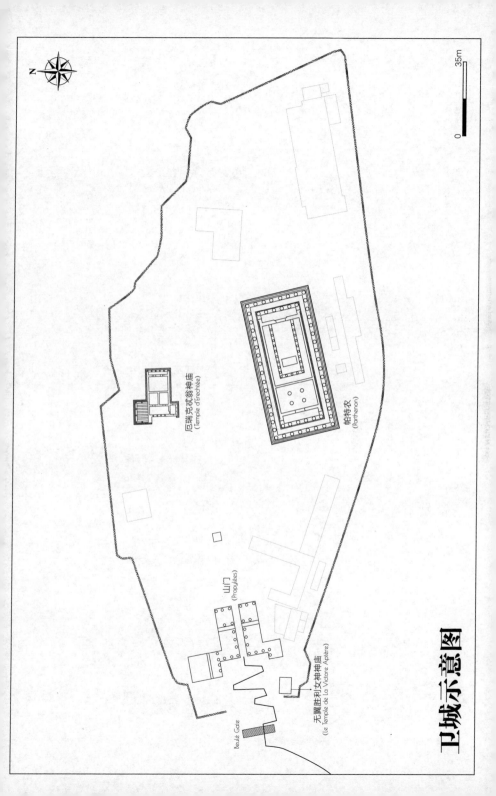

N

厄瑞克忒翁神庙
(Temple d'Irechtée)

帕特农
(Parthenon)

山门
(Propylées)

无翼胜利女神神庙
(Le Temple de La Victore Aptère)

Baulè Gate

卫城示意图

0   35m

编后记

　　这不是一本游记，这是一位伟大的建筑师和艺术家自我养成的珍贵实录。

　　勒·柯布西耶，这位 20 世纪最伟大的建筑师，自称没有受过严格、专业的建筑教育，是一位"野路子"出身的建筑师。当然，"野路子"只是柯布西耶一个略带自嘲的说法。他先在家乡瑞士拉绍德封工艺美术学校学习雕镂技艺，后来又随巴黎的佩雷（Auguste Perret）和柏林的贝伦斯（Peter Behrens）两位现代建筑先驱工作学习——这两位主持的，都是当时国际顶级的建筑事务所。在早年给启蒙老师夏尔·艾普拉特尼尔（Charles L'Eplattenier）的信里，柯布西耶写道，他的自修之路就是要"抓住一切学习机会，每一分钟都要竖起耳朵，擦亮眼睛，吸纳每一条建议，留心每一次交谈，力争把所看所听所想都记录下来。"他还告诉老师，自己要去旅行，去直接向那些历史上最伟大的建筑学习，直接与它们进行心灵对话，接受美的洗礼，培养尺度的概念，获得最直观的建筑本真教育。继 1907 年的意大利北部旅行、1909 年的德国旅行之后，1911 年，柯布西耶把目光投向了更古典的东方——这里的"东方"不是远东，而是相对于柯布西耶居住生活的西欧来说的近东、中东，主要是东欧、土耳其、希腊、埃及等地。

这是一次经过充分酝酿和筹备的旅行，柯布西耶就像一个做足了思想准备、带齐了装备、即将奔赴东方战场的新兵。他的"装备"，就是他的阅读、思考和疑问。过去几年，他不断地阅读书籍，阅读绘画，阅读建筑。现在，年轻的柯布西耶要带上这些，用自己的眼睛去检视古典建筑，用心灵去感知异样的文明；分析它们，自我思考，回答自己的疑问，并获得灵感与启迪。从他在《东方游记》一书里提到或者引用的作家、艺术家，以及文学和艺术作品，就可以知道，时年仅仅 24 岁的柯布西耶知识量的储备是令人叹服的。

作为一个非建筑（艺术）学科出身的编辑，我知道柯布西耶这个人是比较晚的。那还是本世纪初，我在陈志华老师的指导下，编辑由他翻译的柯布西耶著作《走向新建筑》。自此，我对建筑和艺术的理解就深受柯布西耶的影响。

编辑完《走向新建筑》，我了解到柯布西耶还有一本《东方游记》，就托朋友买来英文版，浏览翻阅后，很想引进翻译出版，可惜已被上海人民出版社捷足先登。对于一个出版人来说，没有什么比不能编辑出版自己喜爱的书，感到更遗憾的了。

　　在认识柯布西耶的过程中，也有不少疑问困惑伴随着我。我自己也是通过阅读和旅行，一步步去理解柯布西耶的。2016 年 6 月，我给自己设计了一条柯布西耶之路：起点是柯布西耶的故乡拉绍德封，沿途不仅观摩了大名鼎鼎的朗香教堂、拉图雷特修道院、马赛公寓，还去看了柯布西耶在瑞士沃韦（Vevey）为自己父母修建的湖边小住宅，一路上总共看了七八个柯布西耶的作品，那真是一场视觉与思想的盛宴。旅途最后来到法国与意大利交界的小镇马丁岬，那里有柯布西耶晚年度假的小木屋，也是柯布西耶长眠的地方。马丁岬山巅上的公共墓园面朝蔚蓝色的地中海，柯布西耶和他太太的墓地不大，白色粗粝的石头墓碑，一方一圆，两个几何体，那么纯粹，让人一下子就想到了古希腊。

　　这次旅行，也解开了之前我关于柯布西耶的一些疑团。拉绍德封是一座钟表之城，柯布西耶就出生在一个钟表匠的家庭。他十几岁时设计雕刻的怀表，不仅是一件计时机器，还是艺术品，当时就获了奖。当我穿梭在规划得像棋盘一样齐整的拉绍德封街巷，一下子恍然大悟，为什么柯布西耶后来会说出那句著名的"建筑是居住的机器"——他从小就生活在一个"机器之城"，耳濡目染，"机器"这颗种子早已经种下了。再看造型奇特的朗香教堂，那些貌似随意和无序的透光空窗，实际上都是经过柯布西耶周密计算过的，朗香教堂就是一个构思大胆而精巧的"外星机器"。

　　有意思的是，在第一次亲身接触柯布西耶的作品之前，我就已经到过大部分他年轻时旅行的地方（这不是预先的计划，纯属巧合），土耳其、希腊、意大利去过还不止一回。他在《东方游记》和《走向新建筑》里提到的那些经典古代建筑，像帕特农、万神庙、苏莱曼清真寺、圣索菲亚大教堂、庞贝，也同样让我激动得战栗。或许正是这个缘故，当我后来面对柯布西耶的作品时，除了预想中的大胆与震撼，更觉得亲切、合理与自然。从他的作品里，我不仅读到了洋溢着激情的革命性与创造性，还能嗅到一缕古典的味道，捕捉到一丝古代神庙、修道院、清真寺的影子。柯布西耶在给佩雷的信里说："我发展一切大胆的想法，但它们皆以传统为依据。"柯布西耶希望新建筑的进步能以对传统的认识、对往昔诸世纪之作品的"为何"与"如何"的问询为基础。陈志华先生曾在《走向新建筑》译后记里写道："……到 20 世纪 20 年代，石头缝里蹦出了一个孙猴子，柯布西耶出版了《走向新建筑》，造了玉皇大帝的反……柯布西耶最胆儿大、最出奇制胜的一步棋是把帕特农神庙纳入到机器美学里来。帕特农是'激动人心的机器'！"2016年 6 月在拉图雷特修道院客居时，神父马丁问我："你是建筑师吗？"我回答："不是。"他说："来这里的，除了本地的信众，其余几乎都是建筑师。那你是做什么的？""我是一位编辑。""你编过什么书？"我用手指了指沐浴在夕阳金光里的方体修道院：

"Le Corbusier, Towards A New Architecture。""啊，你出版过'圣经'。""哈哈，您真是一位了解建筑史的神父。"不错，如果把古罗马人维特鲁威的《建筑十书》比作建筑学的"旧约"，那么柯布西耶的《走向新建筑》就是"新约"。不妨让我们大胆地猜测一下，也许就是在这次东方旅行中，在帕特农，年轻的柯布西耶聆听到了"神谕"——新建筑的神谕，美的神谕。

有成就的人士，不一定愿意把自己的成功之路告诉别人，有时甚至有意掩藏起来，就像到达目的地之后，又小心翼翼地把来时的脚印擦拭掉。但柯布西耶不是，他喜欢表达自己的思想，愿意与别人分享自己的心路历程，并经常表现出一种传播信仰的热忱。有人说，这可能源于他个人信念的力量，以及他教育自修的特点。柯布西耶十分看重这次东方之旅，他曾说"年轻时代的旅行具有深远意义"。在生命的最后一年，老先生提出要出版《东方游记》，还亲自动手编辑校订。交稿四十天后，柯布西耶就去世了，当时他正在马丁岬小木屋前的海湾游泳。本书硬封的背面，就是柯布西耶 1965 年 7 月 17 日交稿给出版社时的签名，硬封正面则是他 24 岁游历东方时的签名，那时他还不是柯布西耶，而是夏尔－爱德华·雅内莱。封面采用这个设计思路，有暗合正是经由像东方旅行这样的学习和历练，爱德华才"蜕变"成为柯布西耶的意思。

柯布西耶著作的字里行间，藏着开启建筑和艺术之门的钥匙。

同样是自学成才的日本著名建筑师安藤忠雄，在年轻时读了柯布西耶的书，受了他的启发，开始了自己的建筑师之路。本书策划过程中，有感于国内对柯布西耶的认知尚不太普遍，多局限在建筑圈和一部分艺术圈，为了让更多的读者，尤其是年轻读者认识、了解柯布西耶，我们曾计划邀请国内认知度较高的安藤忠雄先生为本书做序。遗憾的是，数次联系安藤先生均未有结果。为了弥补遗憾，我们摘录了几段安藤先生关于柯布西耶的话，用在封面上，以见证东西方两代建筑大师的思想共鸣。现在，请读者朋友打开《东方游记》，让柯布西耶的求知欲望、创造热情充盈自己，然后上路，去开辟属于自己的艺术和建筑之路。

这次重新编辑出版《东方游记》，使用的底本仍是管筱明先生的中文译本，即上海人民出版社 2007 年版（以下简称"旧版"），同时参考了 1966 年法文版（即前述柯布西耶晚年亲自编辑校订的版本）、柯布西耶基金会 2002 年刊印的柯布西耶东方旅行时的笔记本影印本（Carnets）。需要说明的是：一，有关本书的注释，"作者注"是柯布西耶本人所加，"编注"是此次编辑时所加，未注明的注释是旧版所加。二，本书提及的人名，尽可能在中文译名后或者注释中标示法文。三，作为一本游记，地名是非常重要的空间点。柯布西耶去东方旅行时，奥斯曼土耳其帝国尚未解体，土耳其人的文字仍使用阿拉伯字母；20 世纪二三十年代，经过土耳其"国父"

凯末尔的改革，土耳其文字开始用拉丁字母书写，某些城市地名也根据国情做了更改（譬如阿德里安堡改名为埃迪尔内）。因此，法文版《东方游记》的地名情况比较复杂，为方便读者，我们尽可能将全书地名（包括一些建筑物的名称）做了中文与法文对照。四，为了帮助读者建立起文字与空间的联系，我们特别绘制了四幅与《东方记》相关的示意地图。五，本书选用了 32 幅柯布西耶在旅行途中的速写，见之有如与作者同行，亲历柯布西耶百年前所见的东方。六，订正了旧版中正文和注释的错漏，这要感谢译者管筱明先生的信任，他应允我们就译本的有关字句径直做出调整。如"帕特农"一章涉及的一些建筑学术语，我们发现旧版不够准确，后来有机会看到刘东洋先生的相关译文，经过参考，对某些字词句做了调整。在这里，我们向刘东洋先生表示诚挚的谢意。七，由让·让热编著、牛燕芳翻译、中国建筑工业出版社出版的《勒·柯布西耶书信集》，对于我们理解柯布西耶的人格、思想、情感和他与其他人的关系，有相当的帮助。

由于自己不是从事建筑学研究的专业人士，所以即便抱着谨慎认真的态度去编辑，本书仍难免会有错误和疏漏，还请方家不吝指正。

黄居正先生、赖德霖先生不仅对本书的体例结构提出过很好的建议，还推荐了相关的专业人士和书籍，在此向他们表示感谢。

丁双平先生介绍了译者管筱明先生，吉克南先生、赵刚先生、孙倩女士也曾为本书的出版做过努力，在此一并表达谢意。

最要感谢陈志华先生，是他，让我知道了勒·柯布西耶。

王瑞智

2018 年 7 月于北京中关园

图书在版编目（CIP）数据

东方游记 / (法) 勒·柯布西耶著；管筱明译. 一
北京：北京联合出版公司, 2018.9（2019.2重印）

ISBN 978-7-5596-2192-4

Ⅰ.①东… Ⅱ.①勒… ②管… Ⅲ.①建筑画－素描
－作品集－法国－现代 Ⅳ.①TU204.132

中国版本图书馆CIP数据核字(2018)第117477号

东方游记

作　　　者：[法] 勒·柯布西耶
译　　　者：管筱明
策　　　划：北京地理全景知识产权管理有限责任公司
策　划　人：王瑞智
策　划　编辑：董佳佳
责　任　编辑：郑晓斌　徐　樟
特　约　编辑：程忆南　樊广灏
装　帧　设计：陶　雷
地　图　编辑：程晓曦　程　远
制　　　版：北京书情文化发展有限公司

北京联合出版公司出版
（北京市西城区德外大街83号楼9层　100088）
北京联合天畅文化传播公司发行
北京中科印刷有限公司印刷　新华书店经销
字数：125千字　889毫米×1194毫米　1/32　印张：8
2018年9月第1版　2019年2月第2次印刷
ISBN 978-7-5596-2192-4
定价：58.00元